青少年机器人竞技与实战

汤 磊 陶甲骥 著

Competition

Practice of Youth Robotics

U0256643

中国科学技术大学出版社

内 容 简 介

本书将作者团队连续多年在中国青少年机器人竞赛中摘得全国冠军的相关经验进行总结，并结合课堂教学与机器人竞赛训练实战实践实际，从基础知识到简单机器人设计、编程，并以VEX工程挑战赛为例，详细讲述机器人对抗类赛事从早期机器人设计思路到机械机构设计、从工程草图到程序实现，从破题组队到赛场实战。

本书既可作为VEX机器人的入门学习指南，也可作为机器人教师与学生的参考用书，同时也是比赛举办方培训教练员、裁判员的理想教材以及创客教育的认证教材。

图书在版编目（CIP）数据

青少年机器人竞技与实战/汤磊，陶甲骥著 .－－合肥：中国科学技术大学出版社，2024.6
ISBN 978-7-312-05988-9

Ⅰ.青⋯　Ⅱ.① 汤⋯ ② 陶⋯　Ⅲ.智能机器人—程序设计—青少年读物　Ⅳ.TP242.6-49

中国国家版本馆 CIP 数据核字（2024）第 098407 号

青少年机器人竞技与实战
QINGSHAONIAN JIQIREN JINGJI YU SHIZHAN

出版 中国科学技术大学出版社
安徽省合肥市金寨路 96 号，230026
http://press.ustc.edu.cn
https://zgkxjsdxcbs.tmall.com

印刷 安徽省瑞隆印务有限公司

发行 中国科学技术大学出版社

开本 787 mm×1092 mm　1/16

印张 12.5

插页 2

字数 276 千

版次 2024 年 6 月第 1 版

印次 2024 年 6 月第 1 次印刷

定价 40.00 元

序 一

  机器人不仅是当前时代技术创新的前沿领域，也是推动经济转型升级、实现社会可持续发展的关键因素，其战略地位将会愈发凸显，而青少年作为国家的未来和希望，培养他们对机器人技术的兴趣和热情，将有助于我国在科技领域持续领先。

  该书的作者之一汤磊老师是我的多年好友，他在青少年机器人领域有着丰富的教学和实践经验，并指导学生在各类机器人竞赛中获得了很好的成绩。作为一名相关方向的科研工作者，也是常年关注青少年机器人教育工作的志愿者，我对受邀为此书撰写序言深感荣幸，愿借此机会向读者推介这部精心打磨、匠心独运的《青少年机器人竞技与实战》。

  该书系统地介绍了青少年竞技中的机器人相关的基础知识，并给出了基本结构和常规装置的设计与优化，与此同时，还阐述了竞赛组织和团队管理方面的知识。该书结构严谨、内容丰富且层次分明。作者以科学的逻辑框架，将机器人知识体系拆解为易于消化吸收的单元，从基础原理的阐释到高级技能的传授，从竞赛规则的解读到策略设计的指导，从硬件搭建的演示到编程逻辑的解析，步步递进，环环相扣。这种精心编排使得即便是初涉机器人领域的青少年也能轻松入门，逐步攀登知识技能的高峰。

  我要对我的好友表示由衷的敬意，感谢他为我们带来这样一部精心之作。愿这本书能启迪思维，激发创造力，引领广大青少年走向一个更加辉煌的未来。

安徽大学计算机科学与技术学院副院长、教授、博士生导师

安徽省计算机学会副秘书长、奖励委员会主任

安徽省人工智能学会副理事长

汤进

2024年4月20日

序　二

　　中共中央和国务院印发的《全民科学素质行动规划纲要(2021—2035)》指出：提升科学素质，对于公民树立科学的世界观和方法论，对于增强国家自主创新能力和文化软实力、建设社会主义现代化强国，具有十分重要的意义。2023年5月习近平总书记强调："要在教育'双减'中做好科学教育加法，激发青少年好奇心、想象力、探求欲，培育具备科学家潜质、愿意献身科学研究事业的青少年群体。"同年，教育部等十八部门联合印发《关于加强新时代中小学科学教育工作的意见》，科学教育成为提升国家科技竞争力、培养创新人才、提高全民科学素质的重要基础，机器人教育属于科学教育范畴，是以提升学生核心素养，培养学生兴趣爱好、创新精神和实践能力为宗旨，以提高学生的工程思维、计算思维和设计思维为目标的教育，是信息科技、劳动与综合实践活动的拓展补充，为学生个性化发展和全面发展提供有力的支持。《青少年机器人竞技与实战》的出版，既是对当前时代发展科学教育诉求的回应，也为广大机器人从教者和爱好者带来了一场知识的盛宴。

　　该书是作者近年来在机器人教学实践和竞赛辅导的基础上，结合现有的教学讲义和最新技术发展编写而成的，融入了作者多年来的教学研究与思考。首先，突出机器人教育的基础性。以VEX V5机器人为蓝本，精选了机器人的经典内容，深入浅出地介绍了机器人的移动机构、举升和获取装置的基础机构知识和简易机器人的对抗设计等方面内容。其次，体现参加机器人赛事的实践性。以赛事为主线，围绕赛事主题，详细介绍了参赛团队工程管理、机器人动力分配与系统集成、人机工程与程序优化、结构创新与优化设计、传感器的灵活使用和气动系统设计等内容，为那些渴望在竞赛中展示自己才华的机器人从教者和参赛者提供了宝贵的指导。最后，如何设计出一个优秀的方案，以及如何灵活应用相关传感器气动系统等关键内容的分享，更是该书的亮点之一。

　　该书从创新精神和实践能力人才培养的角度出发，重视理论与实践的结合，提供了丰富的案例和实用的指导，为读者打开了机器人设计的大门，激发着读者的创造力和想象力。通过该书，读者不仅可以获取到丰富的知识，还能够感受到机器人领域的魅力和无限可能。它既是一本实用的指南,也是一扇通向机器人世界的窗户,引导着读者探索机器人领域的未知,挑战自我,追求卓越。

期待该书能为机器人从教者和广大机器人爱好者带来启发和帮助,让我们共同迎接机器人时代的到来!

安徽省中学正高级教师

安徽省特级教师

安徽省优秀科技辅导员

赵洋

前　　言

随着科技的日新月异与智能技术的广泛应用,教育理念亦在不断革新。在这一时代背景下,机器人作为融合信息技术、机械工程、电子工程、控制理论、传感技术以及人工智能等前沿科技的综合性领域,正为教育改革贡献着重要力量。为了进一步推动机器人技术的发展,并培养学生的创新与实践能力,全球范围内已涌现出一系列机器人竞赛。

VEX机器人大赛,亦被称为VEX机器人世锦赛,其竞赛级别涵盖地方赛、中国公开赛、亚洲公开赛、世界机器人大赛以及世界锦标赛等多个层次。该赛事旨在通过推广教育型机器人,激发中小学生和大学生对科学、技术、工程和数学领域的兴趣,进而提升并促进青少年的团队合作精神、领导才能以及问题解决能力。这一比赛不仅为学生提供了一个展示才华的平台,同时也成为他们学习机器人技术、开展科技创新活动的有力支撑。通过参与VEX比赛,教师和学生能够更深入地了解并开展与STEAM(科学、技术、工程、艺术和数学)相关的课程,从而充分发挥他们的创造力和智慧。目前,全球参与VEX比赛的队伍已超过16000支,参赛人数更是上百万。

本书基于作者在机器人教学与竞赛领域的深厚经验,对机器人教学和竞赛领域的见解与实践经验进行分享,全面阐述了VEX EDR机器人的结构设计、构建流程,包括机器人程序编写、赛事组织及工程管理等重要环节。同时,深入探讨了结构创新与优化设计的核心理念,并介绍了气动系统设计的知识以及实战比赛指南。

本书所使用的机器人为VEX EDR智能机器人套装,其简易的操作性使得复杂的机械结构搭建成为可能。配合使用的VEXcode V5软件,是由VEX官方特别为中小学生开发的图形化编程软件,有助于学生在轻松的环境中掌握编程技巧。

本书通过丰富的机器人实例与详细的搭建图解,系统讲解了机器人的机械结构搭建,深入阐述了机器人搭建的基本原理与实际应用,旨在激发学生的想象力与创造力,引导他们构建出独具特色的机器人。在指导学生动手实践的同时,也注重培养学生的创新思维能力,为他们的全面发展提供有力支持。

本书既可作为 VEX 机器人的入门学习指南,也可作为学校机器人教学的教材,同时也是比赛举办方培训教练员、裁判员的理想教材,以及创客教育的认证教材。

尽管作者在编写过程中付出了巨大努力,但受限于个人能力,书中难免存在不足和疏漏之处。我们真诚地希望广大读者能够提出宝贵的批评与建议,帮助我们不断提高和完善。

汤 磊
2024年3月于合肥市第一中学机器人实验室

目　　录

序一 ··· （ⅰ）

序二 ··· （ⅲ）

前言 ··· （ⅴ）

第1章　机器人移动机构基础知识 ·· （1）

　　1.1　机器人概述 ·· （1）

　　1.2　测量与绘图 ·· （7）

　　1.3　移动结构设计 ··· （10）

　　1.4　移动机构编程基础及任务挑战 ·· （20）

第2章　机器人举升、获取装置设计 ·· （37）

　　2.1　机器人举升装置 ·· （37）

　　2.2　平面四连杆机构 ·· （40）

　　2.3　机器人获取装置 ·· （44）

　　2.4　举升装置及获取装置遥控程序 ·· （49）

　　2.5　触碰传感器 ·· （53）

　　2.6　任务挑战 ··· （56）

第3章　简易机器人对抗设计 ··· （60）

　　3.1　简易机器人规则主题及机器优化设计 ······································ （60）

　　3.2　针对任务的结构搭建和程序改进 ··· （64）

　　3.3　模块封装及任务挑战 ··· （72）

第4章　赛事主题与团队工程管理 ·· （83）

　　4.1　规则解析 ··· （83）

　　4.2　团队建设与文化 ·· （88）

　　4.3　数据测量 ··· （93）

4.4 工程日志的编写 ....（96）

第5章 动力分配与系统集成 ....（99）

5.1 移动机构设计、搭建和验收 ....（99）

5.2 获取机构设计、搭建和验收 ....（104）

5.3 系统集成与布线 ....（106）

5.4 动力分配与验证 ....（108）

第6章 人机工程与程序优化 ....（110）

6.1 人机工程与不同使用习惯 ....（110）

6.2 面向使用者的编程优化 ....（112）

6.3 函数封装与调用 ....（114）

第7章 结构创新与优化设计 ....（118）

7.1 更灵巧的结构设计 ....（118）

7.2 测试与实验 ....（120）

7.3 针对不同结构的分析技巧 ....（121）

第8章 传感器的灵活运用 ....（126）

8.1 编码器与闭环控制 ....（126）

8.2 惯性传感器与精准控制 ....（128）

8.3 V5距离传感器及其使用 ....（131）

8.4 V5光学传感器及其使用 ....（136）

第9章 认识气动设备 ....（141）

9.1 认识气动设备 ....（141）

9.2 气缸套装的安装要点 ....（143）

9.3 气动装置的应用 ....（144）

第10章 "跃上巅峰"VEX机器人设计、制作与编程 ......（145）

10.1 "跃上巅峰"机器人结构设计与制作 ....（145）

10.2 "跃上巅峰"机器人自动程序的编写与选择 ....（149）

第11章 赛事实战指南 ....（158）

11.1 赛队组建与赛队注册 ....（158）

11.2 比赛报名与比赛流程 ....（160）

11.3 技能挑战赛 ....（163）

11.4　赛场参赛攻略 .... （164）

11.5　实时赛况分析与预测 .... （167）

11.6　程序测试 .... （167）

11.7　联队选择 .... （168）

附录　机器人小创客的故事 .... （171）

1. 机器人用什么打动你 .... （171）

2. "藤校牛人"与机器人的"不了情缘" .... （176）

3. 金牌之后 .... （180）

4. 与机器人队结缘,是次美好的遇见 .... （182）

6. 追梦,一直在路上 .... （186）

彩图 .... （189）

第1章　机器人移动机构基础知识

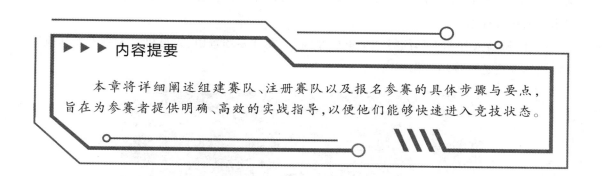

▶ ▶ ▶ 内容提要

　　本章将详细阐述组建赛队、注册赛队以及报名参赛的具体步骤与要点，旨在为参赛者提供明确、高效的实战指导，以便他们能够快速进入竞技状态。

1.1　机器人概述

1.1.1　揭开机器人的神秘面纱

　　机器人诞生以来，关于其定义，各界人士众说纷纭，尚无统一共识。一方面，缘于机器人领域仍在不断发展和创新，新型号及功能不断涌现；另一方面，机器人涉及人类概念，使其成为一个颇具哲学意味的难题。伴随着机器人技术的迅猛发展和信息时代的来临，机器人所包含的内涵将愈发丰富，其定义也将持续得以充实与创新。

　　1. 机器人与普通机器的区别

　　事实上，许多人对机器人形象的认知，往往与日常生活中所见的汽车、挖掘机等玩具机器并无显著差别。诚然，它们的外观颇为相似，然而，这些玩具机器多数依赖人为操控，本身并不具备自主智能。

　　中国科学家对机器人的定义是："机器人是一种自动化的机器，所不同的是这种机器具备一些人或生物相似的智能能力，如感知能力、动作能力和协同能力，是一种具有高度灵活的自动化机器人。"

　　因此，机器人与普通机器的根本差异在于，机器人具备人类或生物的部分智能特性，例如能够观察到墙壁并避开，寻找预定目标，以及与外界进行交流等。这或许是中国科学家将

"Robot"一词意译为"机器人"而非"智能机器"的一个原因。

2. 机器人的外形

实际上,绝大多数机器人并无人类特征,甚至毫无人形(图1.1),这使得部分机器人爱好者感到失望。人们常问:为何科学家不研发更具人形特征的机器人? 事实上,科学家与爱好者的心情同样迫切,他们一直在努力研制具备人类外观特征和基本操作功能的机器人。然而,人形机器人的制作面临诸多难题,如直立行走的稳定性、手指的灵活性、图像和声音的识别等,针对这些问题,全球科学家均在致力于人形机器人的研究,并将其视为衡量机器人研究水平的重要标志。

此外,机器人并非人形的另一个重要原因是,在许多场景中,人形机器人并不如其他形态的机器人更适合现场工作环境。

图1.1 工业机器人

3. 机器人的分类

机器人的分类方法多种多样,依据不同领域可采用各异的标准。用途、时代、外形等均可作为划分依据。根据控制方式,可分为遥控型、程控型、示教再现型等;依据运动方式,可分为固定式、轮式、履带式、足式、固定机翼式、扑翼式、内驱动式、混合式等;考虑使用场所,可分为水下、地下、陆地、空中、太空、两栖、多栖等;按用途分类,包括工业、农业、特种、军事、服务、医疗等类型。

4. 机器人的三大原则

机器人不应伤害人类;机器人应遵守人类的命令,与第一条违背的命令除外;机器人应能保护自己,与第一条相抵触者除外。

5. 机器人是如何工作的

许多人对机器人抱有神秘感,认为其为高科技领域的产物。然而机器人并非遥不可及,只要具备相关知识,普通人亦可尝试制作。通过对人类自身的剖析,大致可了解机器人的运作原理。

下面以"在一间屋子寻找皮球并捡起来"来说明人是如何完成一件任务的:在没有发现皮球之前,人脑会指挥腿在屋子里走动,指挥脑袋旋转、眼睛查看寻找皮球,将眼睛看到障碍物信息反馈给大脑,并指挥腿走动时不要碰到墙等障碍物;一旦人眼发现皮球,就会立刻通知大脑,然后大脑再通知腰、胳膊和手去弯腰、伸胳膊、张开手、抓球、收胳膊……每一步的细小动作都需要通过眼睛把自身的参数和外界的信息传递给大脑,大脑经过快速处理判断后给多根神经发指令并指挥相应的肌肉完成,并且要保持身体平衡、手眼协调。其中的运算量恐怕是目前最先进的电脑都难以完成的,然而如此复杂的过程我们都在不知不觉中完成了。

实际上机器人的工作过程与人相似(图1.2),也需要从外界接受信息,经过机器人的大脑运算分析判断后,告诉机器人的相应部位做出相应的动作,但机器人的每一种思维方式和每一个动作都需要人去设计,包括处理问题的思路和每一个细微的动作。可以想象一下,如果制造一个功能像人一样的机器人,工程有多么巨大。

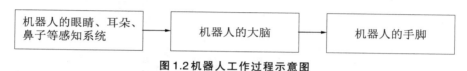

图1.2 机器人工作过程示意图

1.1.2 VEX机器人工程挑战赛简介

VEX是美国太空总署(NASA)、美国易安信公司(EMC)、亚洲机器人联盟(Asian Robotics League)、雪佛龙、德州仪器、诺斯罗普·格鲁曼公司和其他美国公司大力支持的机器人项目。学生以及成人可以大胆发挥自己的创意,根据当年发布的规则,用手中的工具和材料创作出自己的机器人。

VEX机器人比赛要求参加比赛的代表队自行设计、制作机器人并进行编程。参赛的机器人既能自动程序控制,又能通过遥控器控制,并可以在特定的学术活动场地上,按照一定的规则要求进行比赛活动。

2006年中国科协将此项目引入我国,在中国青少年机器人学术活动中设置 VEX 机器人学术活动的目的是激发我国青少年对机器人技术的兴趣,为国际 VEX 机器人学术活动选拔参赛队伍。

比赛分为手动和自动两种形式;互动性强,对抗激烈,惊险刺激;突出机械结构、传动系统的功能设计;是创意设计和对抗性比赛的最佳结合;将项目管理和团队合作纳入考察范围;重视竞争和结果,更重视体验过程;为参与者提供更真实的工程体验。

VEX机器人世界锦标赛因体系最完整、参与最广泛、参与人数最多,于2016年作为世界上规模最大的机器人比赛被载入《吉尼斯世界纪录大全》,2018年4月再次刷新了吉尼斯世界纪录——50多个国家,20000多支赛队,1000000多名学生参与。

1.1.3　VEX机器人零件

1. 铝合金材料

按截面形状划分,VEX铝合金材料可分为C形钢(1×2×35格、1×3×35格、1×5×35格)、L形钢(2×2×35格)、铝条(1×25格)、铝片(5×25格)等,如图1.3所示。

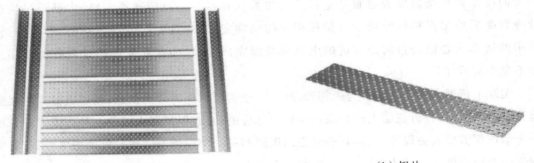

（a）C形钢和L形钢　　　　　　　　　　　　　　　（b）铝片

（c）铝条

图1.3　VEX机器人铝合金材

2. 紧固件

常用的紧固件有螺丝、螺母和杯士。

常用的螺丝尺寸如图1.4所示。

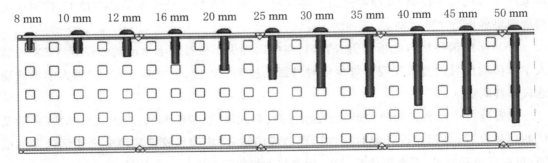

8 mm　10 mm　12 mm　16 mm　20 mm　25 mm　30 mm　35 mm　40 mm　45 mm　50 mm

图1.4　常用螺丝尺寸

常用的螺母有自锁螺母和防松螺母,如图1.5所示。

（a）防松螺母　　　　　　　　　　　（b）自锁螺母

图 1.5　常用螺母

在 VEX 机器人中,针对紧固件松动的防范措施主要包括摩擦防松、机械防松和永久防松三类。摩擦防松方法包括使用弹簧垫片、自锁螺母以及双螺母;机械防松措施则主要包括采用开口销、开槽螺母、止动垫片以及串接钢丝;而永久防松策略则涵盖电焊、铆接、冲点以及黏合等方法。

VEX 机器人杯士主要分为金属杯士和橡胶杯士,其功能为固定轴,防止轴向滑动导致脱轴传动失效,如图 1.6 所示。

（a）金属杯士（配机米螺丝）　　　　　　　（b）橡胶杯士

图 1.6　杯士

3. 传动零件

传动零件主要有齿轮和链轮套装、四方轮等。

在 VEX 机器人齿轮和链轮套装中,主要有普通齿轮套装、加强齿轮套装、加强链轮套装,如图 1.7 所示。

（a）普通齿轮套装　　　　　（b）加强齿轮套装　　　　　（c）加强链轮套装

图 1.7　齿轮和链轮套装（参见彩图）

普通齿轮套装：轻薄型齿轮，厚度较小，节约轴向空间，但强度较差，常用齿数为12T、36T、60T、84T。

加强齿轮套装：加厚型齿轮，厚度大，强度高，但轴向占用空间大，常用齿数为12T、36T、60T、84T。

加强链轮套装：配合链条进行传动，适用于传动距离远扭矩小的位置，常用齿数为8T、16T、24T、32T、40T。

四方轴分成四方轴和高级四方轴，用于支承转动并传递运动、扭矩等作用，如图1.8所示。

（a）四方轴　　　　　　　　　　　（b）高级四方轴

图1.8　四方轴

4. V5电子设备

V5电子设备主要包括控制器、智能电机、遥控器、充电器、无线模块、智能连接线等，如图1.9所示。

图1.9　V5电子设备（参见彩图）

5. 传感器

如图1.10所示，VEX机器人传感器主要包括碰撞传感器、循迹传感器、光电传感器、惯性传感器等。

（a）碰撞传感器

（b）循迹传感器

（c）光电传感器

（d）惯性传感器

图 1.10　传感器

1.1.4　VEX机器人常用工具介绍

公制长度以毫米、厘米、分米、米等为计量单位,英制以英尺(ft)、英寸(in)等为计量单位。

$$1\ in = 2.54\ cm,\quad 1\ ft = 30.48\ cm$$

VEX机器人中常用的工具型号及名称主要有公制 H2.5 内六角螺丝刀、英制 5/64 内六角螺丝刀、5×100 十字螺丝刀、7 mm 棘轮扳手、7 mm 套筒、尖嘴钳、斜口钳、工程日志本(网格本)等。

1.1.5　工程日志

工程日志主要记录自己在学习过程中的学习内容(公式、知识点等)、对机器人的设想、机器人装配的进度记录和调试记录、对比赛规则的分析和战术的理解等,如图 1.11 所示。

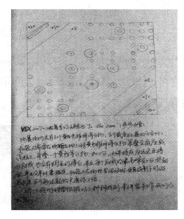

图 1.11　工程日志

1.2　测量与绘图

1.2.1　测量

简易测量主要有钢直尺、卷尺等,用于测量精度要求不高的尺寸(估读位一般在小数点后两位),如图1.12所示。

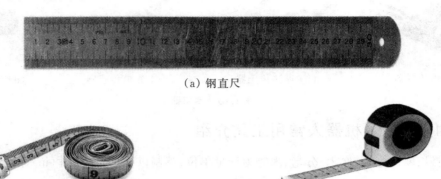

(a) 钢直尺

（b）卷尺

图1.12 简易测量工具

游标量具主要有游标卡尺、高度游标卡尺、深度游标卡尺、齿厚游标卡尺、螺旋测微计等,用于测量精密要求较高的尺寸,如图1.13所示。

图1.13 游标量具

测量过程中可以采用直接测量和间接测量的方式。

直接测量:可直观地从测量工具中读取被测物的尺寸(如测量长方形物体的长、宽、高等),如图1.14所示。

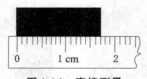

图1.14 直接测量

间接测量:无法直接测量时,可通过一定的方法转换为若干可直接测量的量(例如测量圆的周长),如图1.15所示。

图1.15 间接测量

1.2.2　工程制图

三视图是能够正确反映物体长度、宽度、高度的正投影工程图。主视图是物体由前向后的投影,反映主要形状特征,左视图是物体由左向右的投影,俯视图是物体由上向下的投影。

三视图的三等关系中主、俯视图都反映了物体的长度,即主、俯视图长对正;主、左视图都反映了物体的高度,即主、左视图高平齐;左、俯视图都反映了物体的宽度,即左、俯视图宽相等,如图 1.16 所示。

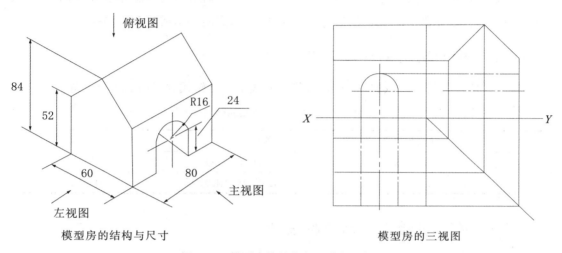

模型房的结构与尺寸

模型房的三视图

图 1.16　模型房的结构与尺寸和三视图

三视图的六向方位关系主视图反映左右、上下方位,俯视图反映左右、前后方位,左视图反映上下、前后方位。

三视图的绘制步骤如下:

(1)建立坐标轴。

(2)确定绘图比例,分析主视面的形体所形成的投影图。

(3)把主视投影图在正面投影区按照比例绘制。

(4)由主视图来决定出要绘制的高平齐、长对正的基准线。

(5)分析俯视面的形体所形成的投影图形。

(6)把俯视图形体的图形在俯视图区域按比例绘制。

(7)绘制出宽相等的基准线。

(8)分析左视面的形体所形成的投影图形。

(9)把左视图形体的图形在左视图区域按照比例绘制。

(10)观察是否有遗漏的部位和多余的线。遗漏的就补上,多余的就要擦除。

1.3 移动结构设计

1.3.1 VEX机器人的结构

VEX机器人的结构主要由机械、传感及控制三个部分构成。机械部分以金属零件为主要构成,包括移动机构、举升装置及获取装置。传感部分则由各类传感器组成,构成机器人的感知系统。而控制部分则负责根据机器人作业指令,实施手动或自动程序控制。

1.3.2 移动机构的移动方式

如表1.1所示,机器人移动机构常见的移动方式主要有轮式、履带式、步行式等。

表1.1 机器人移动机构和特点

	轮式机器人	履带式机器人	步行式机器人
优点	速度快	地面适应性强	越障能力强
缺点	地面适应性差	速度慢,转向阻力大	动作不连贯

1.3.3 VEX机器人移动结构设计

1. 设计要求

VEX机器人移动机构通常采用轮式移动方式,当前目标为设计合适的底盘结构。机械结构设计的基本要求包括功能设计、质量设计以及优化与创新设计三个方面。

(1)底盘的功能设计:具备轻便、灵活的移动能力,能够在确保高速行驶的同时,兼顾优良的越障性能。

(2)底盘的质量设计:具备稳定的结构,同时呈现出一定程度的对抗性。

(3)底盘的优化与创新设计:优化结构设计的潜在空间,借助创新思维实现优化与创新。

2. 结构材料的选择与加工

在金属材料加工过程中,首先需选用适当的设备,对需切割和裁剪的金属材料进行处理。其次,要考虑结构件的几何尺寸,合理安排装配位置以实现其结构功能。在结构件的连接方面,零件间的关联包括直接连接和间接连接关系。直接连接是指两种材料之间的直接结合;而间接连接则体现为零件的空间位置和运动关系(如底盘中两轴之间的位置关系,保持前后水平等)。根据初步设计方案,选取所需的零部件。

3. 移动机构设计步骤

(1)设计轮胎种类及位置。

（2）设计驱动方式及动力类型。

（3）绘制设计草图。

轮胎的支撑固定方式主要有三种方式，如图 1.17 所示。

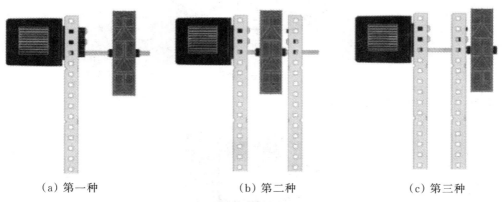

（a）第一种　　　　　　　　（b）第二种　　　　　　　　（c）第三种

图 1.17　轮胎的支撑固定方式

在这三种类型中，第一种是以单支撑点来支撑轴，支撑强度不够；第二种安装方式与第三种安装方式都为双支撑点支撑，这样增加了轴的支撑强度。第二种安装方式与第三种安装方式最大的区别在于车轮的安装位置。正常情况下我们会选择第二种安装方式。如图 1.18 所示，对于此种安装方式我们需要注意以下几个要点：

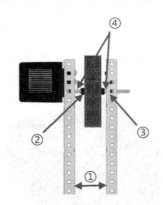

图 1.18　第二种安装方式的注意事项

① 两根钢材之间的间距大小要足够放置轮胎及其他所需零件。

② 要使用杯士来锁定轴防止其滑动脱落。

③ 要注意轴承片的安装位置以及轴孔的预留位置准确无误。

④ 在空位上填充垫柱（大、中、小白及垫片）消除无效空间。

轴距：前后轴心距离（注意：轴距必须大于车轮的直径），如图 1.19 所示。

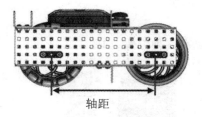

图 1.19　轴距

轮距:左右车轮的距离,如图1.20所示。

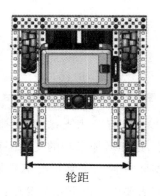

图 1.20　轮距

如图1.21所示,VEX机器人采用V5智能电机进行驱动。为确保电机具备较高的适配性,我们需要为其配置不同转速,实现此目标的方法是通过替换不同速度的齿轮箱来调整转速参数(图1.22)。

图 1.21　智能电机

低速齿轮箱
齿轮比36:1

高速齿轮箱
齿轮比18:1

超高速齿轮箱
齿轮比6:1

图 1.22　齿轮箱(参见彩图)

1.3.4　机器人移动结构搭建

1. 结构件的安装固定

在VEX机器人机械结构搭建过程中,我们通常运用各种钢材进行组装。针对结构方面,需遵循以下几点要求:

① 结构刚性强:意味着底盘支架连接稳固,不易变形,确保横平竖直。

② 空间结构优化:确保机器人重心、移动机构轮距及轴距等设计及装配方面符合合理性要求。

③ 工艺精良:选用适宜的零部件,避免盲目使用过长或过短的螺丝、结构件等,同时关注结构的对称性。螺丝装配时,要选择合适长度的螺丝,直接连接两根C形钢材料用8 mm长度螺丝即可,轴承片要使用12 mm长度螺丝进行固定。

常用装配方法为对角线装配法,即在四边形中,沿着由两根C形钢重合形成的对角线装配螺丝,如图1.23所示。通过观察空出的两个孔位,判断上下是否对齐。机器整装完成后,再填充螺丝空位。

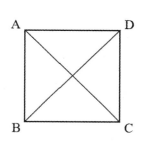 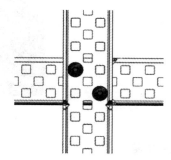

图1.23　对角线装配法

2. 轴承片的安装

如图1.24所示,务必确保轴孔位置预留准确,同时设置电机检修孔。在装配过程中,需关注螺丝头方向的调整,防止螺杆与其他零部件发生碰擦。

轴承片种类及安装方式

图1.24　轴承片的安装

3. 智能电机安装

VEX机器人采用V5智能电机进行驱动。通过更换电机内部的齿轮箱,可实现电机转速的切换,从而增强V5电机的适应性。表1.2是三种V5智能电机的转速与扭矩。在电机装配过程中,我们采用英制螺丝进行组装。为防止持续震动导致螺丝松动,我们通常会配合弹簧垫片使用,以达到一定的防松效果。在机器人运行结束后,还需检查并保养紧固件。

表 1.2　三种电机的转速与扭矩

	低速	高速	超高速
分钟转速(rpm)	100	200	600
扭矩(N·m)	2.1	1.05	0.35

电机螺丝孔凸起铁圈要准确扣进铝合金方孔中,如图 1.25 所示。

图 1.25　智能电机的安装

4. 轴的安装

VEX EDR 四方轴依据横截面尺寸分为两款规格,分别为四方轴和高级四方轴,如图 1.26 所示,可有多种长度尺寸以满足不同应用场景的需求。它们通常应用于电机、轮胎、齿轮、轴承等部件的安装,以实现传动或铰接任务。

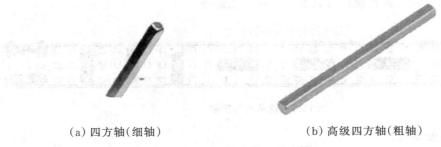

（a）四方轴(细轴)　　　　　　　　（b）高级四方轴(粗轴)

图 1.26　四方轴

V5智能电机具备兼容四方轴及高级四方轴的特点,其装配过程需采用英制螺丝并与弹簧垫片配合使用,如图 1.27 所示。

图 1.27　智能电机轴的安装

智能电机上轴的装配：

① 将轴对准电机穿轴孔位,使轴穿过两个轴承片预留的轴孔。此时暂不将轴插入电机,尝试转动轴,以检查轴旋转的顺滑度。

② 在进行轴与电机的组装过程中,若发现无明显转动阻力,可将轴推入电机轴孔。然而,若遇到明显阻力,则表明在结构件连接过程中存在错位现象,导致孔位未能对齐,或轴承片在安装时发生错位,使得轴旋转时的摩擦力过大。此时,应松开紧固螺丝,对结构件进行调整,使其孔位准确,或对轴承片的状态进行调整,以减小轴旋转时的摩擦力。

注　在将金属轴推入电机孔位的过程中,需注意缓慢转动电机,同时稳中求进地将轴推入。

 思考

如何保证轴在轴承片中平顺转动的同时不会滑出脱落？

5. 杯士的安装

杯士的主要功能是将轴固定在支撑位置,防止轴在运行过程中脱落,从而避免电机脱轴、空转失效。杯士一般可分为金属材质和橡胶材质两种(图 1.28)。

(a) 橡胶杯士　　　(b) 四方轴紧固杯士　　(c) 高级四方轴紧固杯士　　(d) 金属杯士

图 1.28　杯士

杯士的安装如图 1.29 所示。

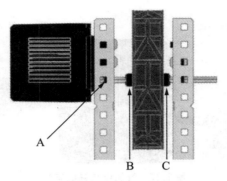

图 1.29　杯士的安装

 **思考**

如何只使用一个杯士来固定一根轴呢？

下面我们将介绍并运用两个新型零件：塑料垫柱及垫片（图 1.30）。塑料垫柱的俗称有：大白（10 mm）、中白（8 mm）、小白（5 mm）。

垫片的常用的尺寸有 1 mm 和 3 mm。

图 1.30　塑料垫柱及垫片

垫柱应用于两个结构件之间的间隙，以稳定其间的关系。使金属零件之间的无效空间得以消除。垫片为带孔的薄圆盘，其主要功能为分散螺纹紧固件的受力，广泛应用于轴或螺丝等部件。

在实际装配过程中，由于电机一侧存在电机本身的阻挡，所以无需对轴向右侧的滑动趋势进行限制，仅需关注并限制左侧的滑动趋势。因为在最左侧位置已安装了 C 形钢，可在该位置的 C 形钢内侧装配一个杯士，以阻止轴向左滑动。

如图 1.31 所示，由于单一杯士对限制轴的滑动运动的约束能力有限，轮胎在左右方向上仍存在滑动现象。为保证稳定性，需采用垫柱填充杯士、轮胎与 C 形钢之间的间隙，从而有效限制轮胎的左右移动。

注　无效空间的填充可以先估算出大概的尺寸再来选择合适的垫柱。

轴和轮胎装配过程中有如下要求：

（1）轴在轴承片中转动无阻塞感。

（2）轴要对准电机穿轴孔位并穿进轴孔。

（3）轴要使用杯士固定。

（4）轮胎选择合适铁芯。

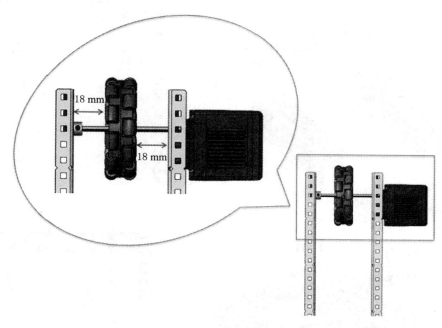

图1.31　轮胎的安装

对于主控、Wi-Fi模块的安装,布置线路时要求如下:

（1）主控与电机无线模块等电子器件的连接方式合理。

（2）旋转点位线缆调整余量。

（3）扎带头修整以防止划伤。

 挑战任务:移动机构的搭建

1. 如图1.32所示,通过采用5格C钢、轴承片以及螺丝来构建底盘结构。

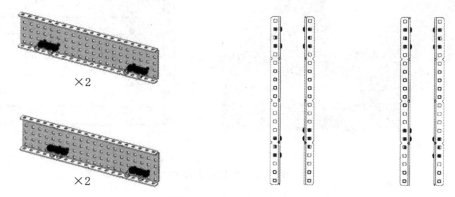

图1.32　构建底盘结构

2. 如图1.33所示,通过选用适当的C形钢和螺丝,对底盘结构进行稳固固定。

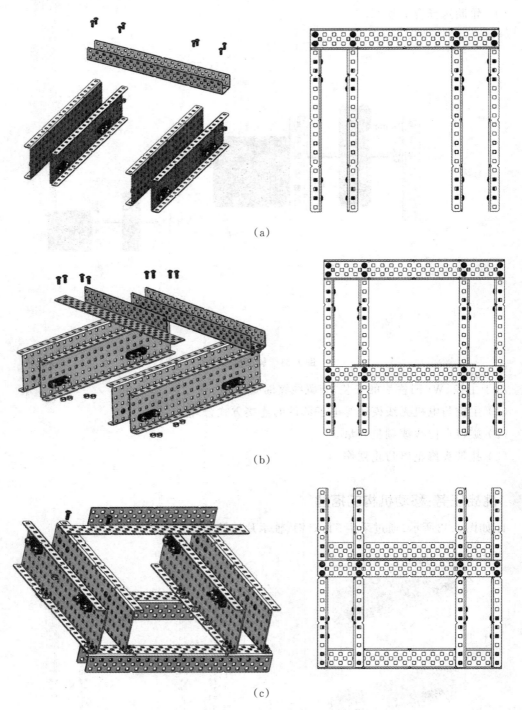

（a）

（b）

（c）

图1.33　固定底盘结构

3. 如图1.34所示,安装智能电机。

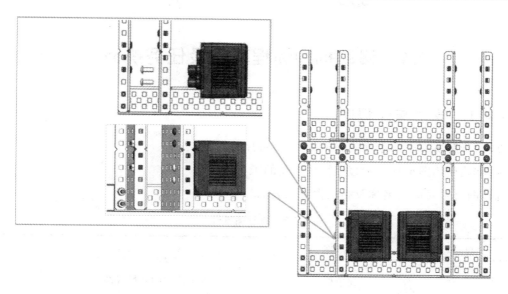

图 1.34　安装电机

4. 如图 1.35 所示,通过使用垫片、四方轴、杯士等部件,完成轮胎的安装,并将控制器置于底盘结构之中。

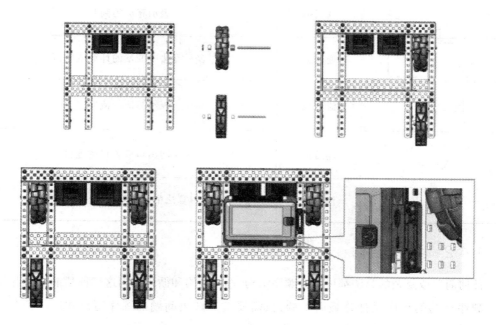

图 1.35　安装轮胎和控制器

1.4 移动机构编程基础及任务挑战

1.4.1 算法与流程图

算法:指解决一个问题准确完整的方案(程序方案)。

流程图:使用图形框表示程序算法思路的工具。

流程图符号对应的名称及相应含义见表1.3。

表 1.3 流程图符号

符 号	名 称	含 义
	起止框	表示算法的开始或结束
	输入输出框	表示算法中的输入或输出
	判断框	表示算法的判断
	处理框	表示算法中变量的计算或赋值
	流程线	表示算法的流向
	连接点	算法流向出口或入口的连接点
	注释框	算法中的解释说明内容

1.4.2 程序结构

任何简单或复杂的算法都可以由顺序结构、选择结构和循环结构这三种基本结构组合而成。

顺序结构的程序设计是最简单的,只需要按照解决问题的顺序写出相应的语句。它的执行顺序是自上而下,依次执行。

1.4.3 实例分析

任务:小车以100 rpm(r/min)的速度前进2秒 → 右转90度 → 前进2秒 → 停止结束(图1.36)。

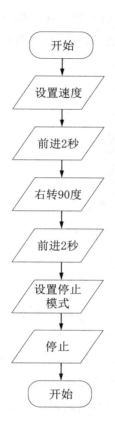 

图 1.36 流程图和程序

如图 1.37 所示，转动指令块可以设置正、反转。

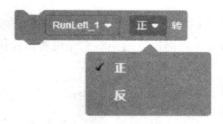

图 1.37 转动指令块

如图 1.38 所示，速度可以采用百分比或每分钟转速两种模式进行设定。

图 1.38 速度设定模式

如图1.39所示,制动、滑行和锁住是三种主要的停止模式。刹车模式使电机瞬间停止。滑行模式则允许电机逐渐减速至停止。而锁住模式则能使底盘立即停止,且如有移动,则会返回到停止位置。

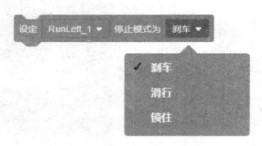

图1.39　停止模式

思考

如何保证移动机构左右两侧电机同为正转状态为前进动作呢? 转向动作又是如何设置的呢?

注意:首先,执行电机速度设置指令块,接着利用转动指令块操纵电机。在转动指令块运行过程中,电机将持续保持运转状态,直至采用新的电机指令块或程序终止。

调整移动机构的行进距离可通过时间与速度控制实现。通常,我们采用控制变量法来保持其中一个参数不变,进而调整另一个参数进行调试。

1.4.4　差速转向

如图1.40所示,当移动机构两侧轮胎时,转速存在速度差,会倾向于转向速度较小的一侧。为实现原地转向,我们通常采用同速反向策略来完成转向动作。

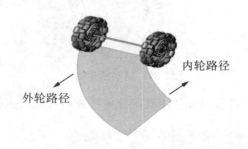

图1.40　差速转向

在同一时间内内轮轨迹行程小于外轮轨迹行程,所以内轮速度小于外轮速度。

$$速度＝路程/时间$$

时间相同,路程长则速度快。

差速转向方式可分为以下三种：一是左右轮胎转动方向相同，但速度大小有所差异，此方式转弯半径较大，对场地要求较高；二是单侧轮胎保持不动，另一侧轮胎进行转动，其转弯半径较大，需要较宽的转弯场地；三是两侧轮胎速度大小相同，但方向相反，此方式转向迅速，对转弯场地需求较小。

1.4.5　任务：矩形挑战

采用程序控制方式，实现移动机构沿矩形路线行驶，矩形的长度为 100 cm，宽度为 50 cm。绘制出相应的程序流程图，并针对两种不同的速度和时间参数进行调试和观察，分析路线执行及动作特点。

1.4.6　移动机构遥控程序

1. 循环结构

算法的循环结构：在满足特定条件的前提下，重复执行一段代码，直至该条件不再满足，此时退出循环。

我们常用的循环结构有当循环、直到循环等。

图 1.41 所示是当循环结构。

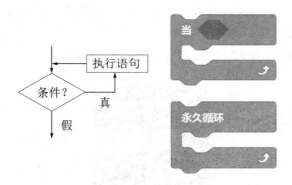

图 1.41　当循环

图 1.42 所示是直到循环结构。

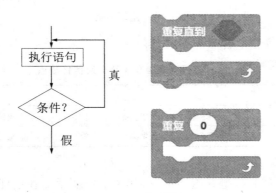

图 1.42　直到循环

2. 机器人通信

VEX机器人控制系统依赖电信号实现信息传递,其主要通信形式包括有线电通信与无线电通信两种方式,如图1.43所示。

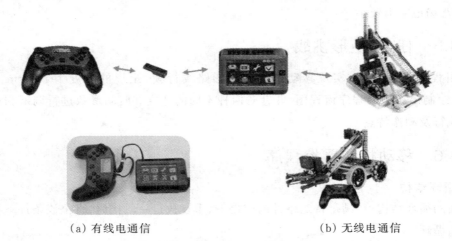

(a) 有线电通信   (b) 无线电通信

图1.43   VEX机器人通信形式

无线电通信是通过将需传输的声音、文字、数据、图像等电信号进行调制(信号转换),将其加载至无线电波上,并通过空间和地面传输至接收方的通信技术,是一种利用无线电磁波在空间传输信息的通信方式。

蓝牙通信是一种短距离的无线通信方式,如图1.44所示。

图1.44   蓝牙通信

有线电通信和无线通信的优缺点见表1.4。

表1.4   有线电通信和无线电通信优缺点

通信方式	优 点	缺 点
有线电通信	信号传输稳定,速度快	受线缆限制,灵活性差
无线电通信	便于移动,灵活性高	传输速度慢,易受干扰

3. 遥控器

遥控器包括摇杆通道和按键通道两部分,如图1.45所示。在摇杆通道中,设有1、2、3、4

四个摇杆通道,各摇杆对应上、下、左、右四个方位的速度值。而在按键通道方面,包括L1、L2、R1、R2、上、下、左、右、X、Y、A、B等按键。

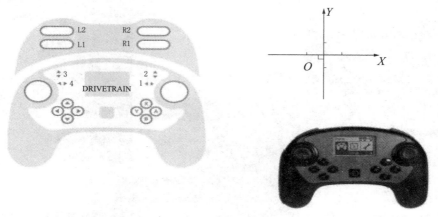

图1.45　遥控器通道

VEX机器人遥控器程序有按键模块和摇杆模块,如图1.46所示。

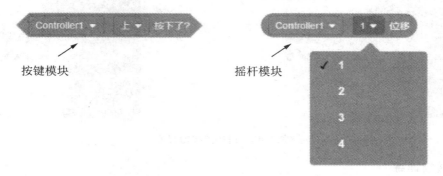

图1.46　模块表示

图1.47所示是遥控器摇杆程序,在添加右侧电机设备时已实现反向处理。

图1.47　遥控器摇杆程序

图1.48所示是遥控器按键程序,在添加右侧电机设备时已实现反向处理。

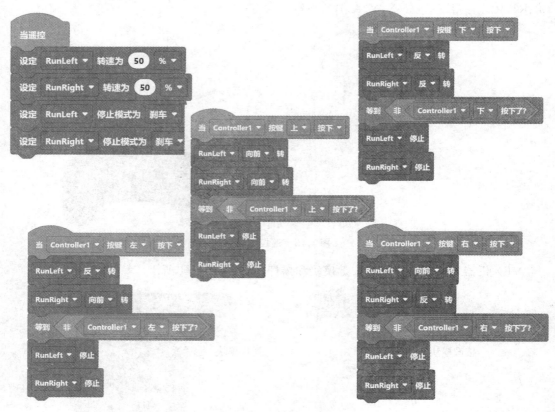

图1.48　遥控器按键程序

4. 遥控训练

借助参考线路图(图1.49),娴熟地操作遥控器,对底盘进行控制,实现前进、后退及转弯动作,以完成指定任务。

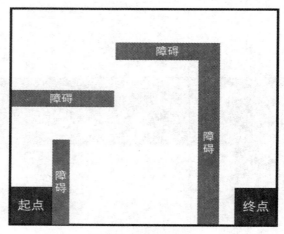

图1.49　参考线路图

操作技巧：匀速控制摇杆加减速度。

5. 我的指令块（函数模块封装）

VEX机器人竞赛常规赛每场时长为2分钟，整体分为自动时段与手动时段。在自动时段，机器人遵循预先编排的程序进行竞赛，限时为15秒，以实现比赛得分；而在手动时段，机器人则在操作手的指导下完成竞赛任务，限时为1分45秒。

VEX机器人竞赛程序依赖于竞赛模板框架，比赛过程中，场地控制器用以挑选适宜的手动遥控程序或自动控制程序（图1.50）。

图1.50　简易场地控制器

场地控制器按钮的功能：

ENABLE	启用	DRIVER	手动控制
DISABLE	禁用	AUTONOMOUS	自动控制

我的指令块创建的过程，如图1.51所示。

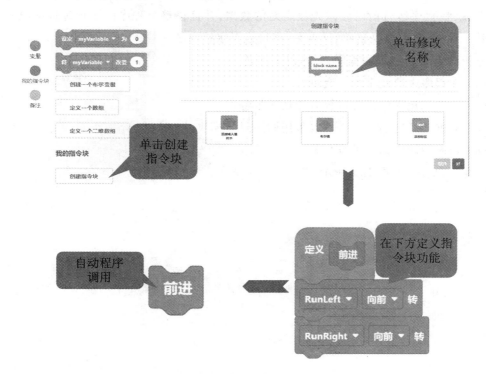

图1.51　我的指令块创建

封装的意义：让程序变得更加简洁，提高可读性，提高程序算法的保密性，减少重复编写程序段的工作量。

函数：可以被另一段程序调用的程序或代码；函数由函数首部和函数体组成(图1.52)。

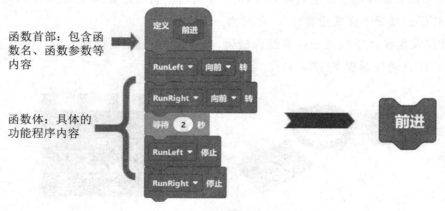

图1.52　函数

变量与常量介绍如下：

变量：在程序执行过程中，可调整其值的量，类比于数学中的未知数 X。直观地说，变量可视为存储参数的位置，根据声明类型，可存储相应类型的数据信息。

变量的三要素包括：① 定义；② 赋值；③ 调用。

常量：在程序运行前已经预先设定好的数据，并且在整个程序的运行过程中没有变化。常量是一种标记，可以是整数、浮点数、字符或者字符串。

分析图1.53所展示的程序，思考以下问题：

(1) 该程序中涉及多少个变量？

(2) 如何优化程序内容以提升简洁明了程度？

(3) 前进和后退功能是否可以采用同一封装模块予以表达？

(4) 转向功能应如何进行封装？

简化后的程序如图1.54所示。

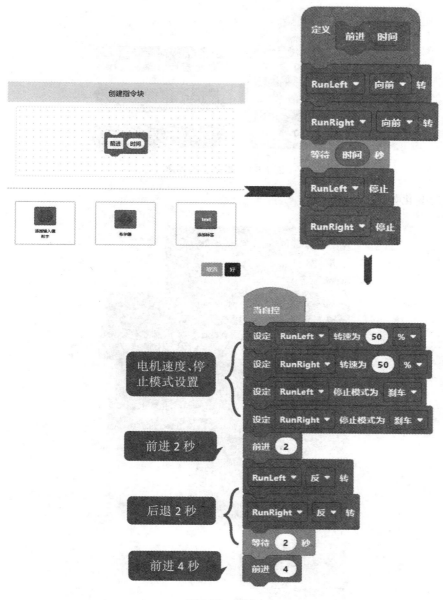

图1.53　程序

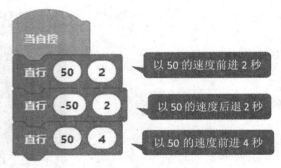

图 1.54　简化后的程序

封装的变化如图 1.55 所示。

图 1.55　封装的变化

 实践探索

动手小实践：通过上述内容完成速度与时间两个变量参数控制移动机构转向的程序封装。

小提示：在操控转向的程序中，我们通常设定速度为正时，移动机构表现为顺时针旋转（即右转）。

6. 编码器模块

在平面几何中，一个点围绕另一点以固定长度为半径旋转一周所形成的闭合曲线被称为圆。此定义中，圆的属性固定为360°。

圆周率，即圆的周长与直径之比，通常采用希腊字母π表示。这是一个广泛存在于数学和物理学领域的数学常数，其值约为3.14。

圆周长的计算公式为：C（周长）＝π×d（直径）＝π×2×r（半径）。

在旋转运动中，若车轮转动一圈即360°，则可视为车辆行进了一个车轮的周长。若车轮转动的度数为n，那么车辆实际行进的路程应计算为：车轮周长×n/360。

编码器是轴旋转位移（位置变化）量检测装置，由轴心位置固定的旋转光电圆盘、其上环形通暗的刻线以及发光、感光元件构成（图1.56）。

图1.56　编码器

主体主要涉及轴、光源、码盘和光敏元件等组成部分。轴能够带动码盘进行旋转，光可透过码盘光栅口照射到光敏元件上。通过处理和分析接收到的光信号，可以精确计算出轴转动的角度和圈数。

编程模块：

转动模块：转动一个V5智能电机到指定的距离（图1.57）。

图1.57　转动模块

转至模块：转动一个V5智能电机至设定的转位（位置）（图1.58）。

图1.58　转至模块

实践探索

（1）测试图1.59中两个程序效果的区别，并总结两个程序块的作用。

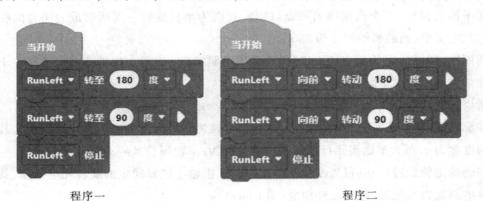

程序一　　　　　　　　　　　　程序二

图1.59　两个程序块

两个程序块电机转动现象和模块作用见表1.5。

表1.5　程序一和程序二电机转动现象和模块作用

程序	电机转动现象	模块作用
程序一	电机正转270°	从原本位置正转或反转指定度数
程序二	电机先正转180°再反转90°	从原本位置转至指定位置，正反转由指定位置决定

电机转位设置模块如图1.60所示。

图1.60　电机转位设置模块

（2）测试图1.61中两个程序效果的区别，并总结程序块的作用。

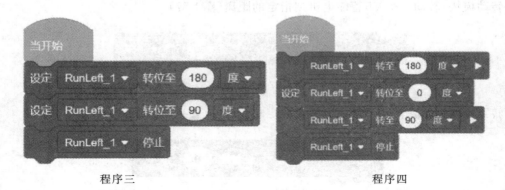

程序三　　　　　　　　　　　　程序四

图1.61　两个程方块

两个程序电机转动现象和模块作用见表1.6。

表1.6　程序三和程序四电机转动现象和模块作用

程序	电机转动现象	程序作用
程序三	电机静止	设定转位度数
程序四	电机正转180°后重置转位为0°，然后再正转90°后停止	初始化电机

7. 程序封装

如图1.62所示，以速度和编码器为变量，使用编码器模块进行直行与转向功能的指令块封装（默认参数正值为前进和右转）。

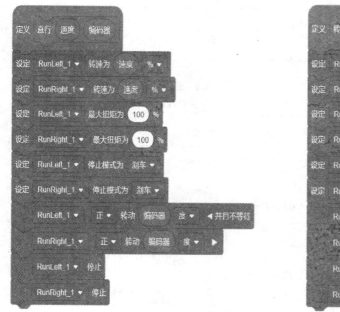
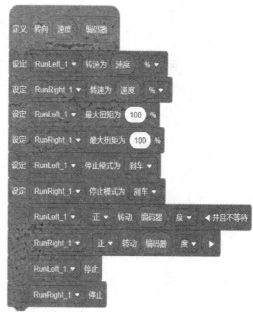

图1.62　程序封装

阻塞：其他指令块等待，直到电机完成转动才会运行。

非阻塞：当前模块运行时不需等待运行结束即可同时运行下一个指令块。

注　部分指令块可通过点击并且不等待菜单转换阻塞模式（图1.63）。

图1.63　并且不等待菜单

1.4.7　医疗机器人任务挑战

在本次挑战中，您需编程控制机器人，使其在医院内（图1.64）为多个病房的患者运送药

物时,具备对整个医院地图的导航功能。为实现此目标,您需编写相应程序使机器人能够:

(1)从起始区出发,前往药房,抵达后停留5秒,获取药物。

(2)随后,将药物运送至各病室房间,在每个房间停留3秒,完成运送任务。

(3)在运送至二楼病室时,需先抵达指定电梯区域,停留5秒,以示移动至二楼。

(4)所有运输任务完成后,指令机器人返回起始区待命。

注 (1)各区域之间不得直接穿越。

(2)可以尝试采用时间封装模块与编码器封装模块两种策略完成取药任务,并对两者效果进行比较。

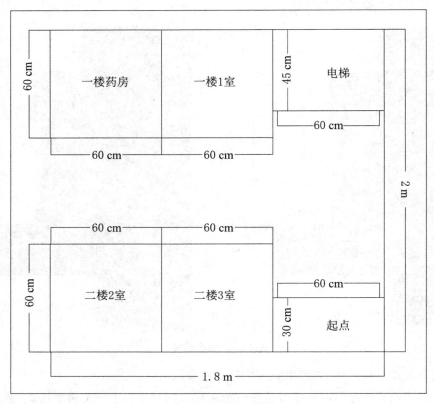

图1.64 医院地图

挑 战 邀 请

通过本阶段的学习,读者可搭建完成个人首台VEX机器人。为确保学习成果,请参与医疗运输挑战赛进行实际检验。

流程:可分为自我演讲介绍、任务实践、答辩三个阶段。

演讲说明:本次演讲限定时长为5分钟,展示形式不限,均可采用电子PPT或纸质PPT等方式。演讲内容需涵盖以下方面:机器人功能概述、设计与制作过程、所遇挑战及解决策略、自身在期间的成长与收获等。

任务演练:根据随机生成的路线方案要求,限定在30分钟内完成编程与调试。完成调试后,方可参与任务演练。

答辩环节:在完成演习后,参与者将进入相关技术问答环节。每位同学将从A或B测试题库中抽取题目,现场进行作答。此外,还将接受现场老师针对技术问题的提问。

请在接下来的周段时间内,每位同学都认真筹备自己的演讲内容,针对本阶段竞赛课程的学习进行切实可行的总结。教师将根据各位的学习总结,在最终考核中给予相应评分。

阶段测试 I

1. 机器人机械部分三大结构分别是_____、_____、_____。

2. 机器人底盘的尺寸是通过_____、_____来确定的。

3. 当我们需要固定轴承片时,你会选用哪种长度的螺丝?(   )

    A. 8 mm   B. 12 mm   C. 16 mm

4. 当需要装配底盘电机时,应选择哪种电机?(   )

    A. 低速   B. 高速   C. 超高速

5. 程序的三种结构分别是_____、_____、_____。

6. 已知一位学生的语文成绩为89分,数学成绩为96分,外语成绩为99分。画出该学生的总分和平均成绩的算法流程图。

阶段测试 II

1. 轴在轴孔内转动有阻塞感是什么原因导致的?(   )

    A. 轴弯曲变形   B. 轴承片安装不标准

    C. 轴承片损坏   D. 结构件孔位不齐

2. 场地面积较小且需要快速转弯时,左右车轮的运动状态是(   )。

    A. 左右车轮同向但不同速

    B. 一侧车轮不动另外一侧转动

    C. 左右车轮反向但速度大小相等

3. 流程图中哪个符号表示数据的输入输出?(   )

    A. 矩形   B. 菱形

    C. 平行四边形   D. 圆角矩形

4. 下列关于流程图的特点,说法错误的是(　　)。

　A. 流程图描述的算法形象直观

　B. 流程图依赖于具体的计算机和程序设计语言

　C. 流程图易于书写,修改起来很方便

　D. 流程图描述复杂算法时结构清晰,不易产生分歧

5. 流程图是描述_____的常用工具。

6. 已知 $x=4$,$y=2$,画出 $w=3x+4y$ 的值的程序流程图。

第2章 机器人举升、获取装置设计

▶ ▶ ▶ 内容提要

本章将重点聚焦于机器人举升与获取装置的设计及其相关程序编写的深入学习。

2.1 机器人举升装置

机器人中常见的举升装置主要有弓臂式抬升、四边形式抬升、小手臂式抬升、垂直升降抬升、剪刀叉式抬升。

2.1.1 弓臂式抬升

弓臂式抬升采用双摇杆机构(图2.1),其具有的特点:高度局限比较小,空间占用大,结构复杂,展开后稳定性不够。

图2.1 弓臂式抬升

2.1.2　四边形式抬升

四边形式抬升采用双摇杆机构(图2.2),其具有的特点:四边形结构稳定,高度较高,但升降过程中重心变化大容易前后倾倒。

图2.2　四边形式抬升

2.1.3　小手臂式抬升

小手臂式抬升采用齿轮传动,单臂升降(图2.3),其特点是:传动简单,结构简易,适合夹具位置状态要求不高的场合。

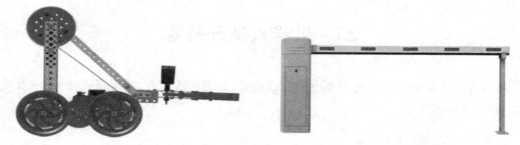

图2.3　小手臂式抬升

2.1.4　垂直升降抬升

垂直升降抬升采用齿轮齿条(图2.4),其特点是:垂直升降,稳定性高。工艺复杂,传动强度有限。

图2.4　垂直升降抬升

2.1.5　剪刀叉式抬升

剪刀叉式抬升采用曲柄滑块机构。剪刀叉式抬升装置是通过在两个相交的金属结构件的结合位置制作一个铰链装置进行连接(图2.5)。通常,一根结构件端部固定在滑道上,另一根结构件端部可以在滑道上来回滑动。滑动端移动至固定端位置时将结构抬高。剪刀叉式装置越多,抬升的高度也会越高。剪刀叉式抬升需要更大的扭矩而且对稳定性的要求也比较高。剪刀叉式举升压缩得越低,举升的难度就越大。剪刀叉式举升的搭建难度也是所有举升装置中难度较大的一个。

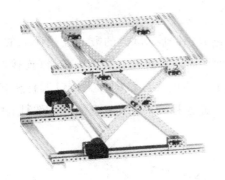

图2.5　剪刀叉式抬升

实践探索

尝试搭建简易版本的剪刀叉式结构(图2.6)。

图2.6剪刀叉式结构

2.2 平面四连杆机构

2.2.1 VEX机器人抬臂的重要性

VEX机器人初始状态有严格的尺寸限制,机器人在初始状态长、宽、高都不能超过18英寸(45.72 cm),在完成高处的任务时需要用抬臂进行伸展。

2.2.2 平面四连杆机构介绍

平面连杆机构是将各构件用转动(铰链)或移动(滑块)的方式连接而成的平面机构;最简单的平面连杆机构由四个构件组成,简称平面四杆机构。全部由铰链(连接两个固体并允许两者之间相对转动的机械装置)连接组成的平面四杆机构称为铰链四杆机构,如图2.7所示。机构的固定件4称为机架;与机架用铰链连接的杆1和杆3称为连架杆;不与机架直接连接的杆2称为连杆。

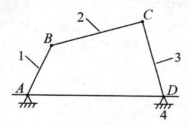

图2.7　平面四杆机构

能做整周转动的连架杆,称为曲柄;仅能在某一角度摆动的连架杆,称为摇杆。平面四杆机构的机架和连杆总是存在的,因此可按照连架杆是曲柄还是摇杆将铰链四杆机构分为三种基本形式:曲柄摇杆机构、双曲柄机构和双摇杆机构。

平行四边形机构如图2.8所示。当机架长度与连杆长度相等两曲柄或摇杆转向、长度相等时,我们会得到一个平行四边形机构。这种机构可以始终保持两曲柄或摇杆的转动角速度相等,且连杆始终做平动,故应用比较广泛。

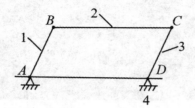

图2.8　平面四边形机构

在图2.9中当曲柄(摇杆)由AB_1转到AB_3时,从动曲柄(摇杆)可能转到DC_3,也可能转到

DC_3'，为了消除这种运动不确定现象我们可以利用从动件本身的惯性或增加曲柄（摇杆）来消除平行四边形机构在这个位置运动时的不确定状态。

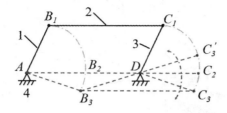

图2.9　平面四边形机构

2.2.3　单摆式抬臂与平行四边形式抬臂

单摆式抬臂与平行四边形式抬臂如图2.10所示，其特点见表2.1。

图2.10　单摆式抬臂与平行四边形式抬臂

表2.1　各种抬臂的特点

抬臂类型	特　点
单摆式抬臂	传动简单，结构简易，适合夹具位置状态要求不高的场合
平行四边形抬臂	四边形结构稳定，高度较高，但升降过程中重心变化大容易前后倾倒

影响平行四边形抬臂举升高度的因素：连杆的长度和机架的高度。

2.2.4　抬臂的传动方式

轮齿简称齿，是齿轮上每一个用于啮合的凸起部。

齿槽是齿轮上两相邻轮齿之间的空间。

在齿轮的传动中，提供动力的齿轮是主动轮，由主动轮啮合而开始运动的齿轮是从动轮。所谓啮合，主要指两个齿轮的齿依次交替地接触，从而实现一定规律的相对运动过程和形态，相当于齿轮的相互咬合过程。

通常我们规定：把齿轮或手柄面对自己，齿轮或手柄顺时针旋转的方向为正转，逆时针旋转的方向是反转。齿轮传动中小齿轮带动大齿轮时，大齿轮的转动速度变慢；大齿轮输出的扭力变大。

抬臂结构中有主动齿轮、从动齿轮(图2.11)。

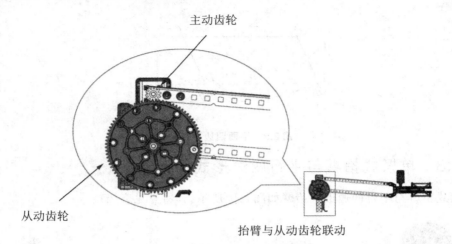

图 2.11 抬臂与从动齿轮转联动

VEX机器人齿轮套件中有普通齿轮和加强齿轮(图2.12)。

普通齿轮　　　　　　　　　　　加强齿轮

图 2.12 齿轮

齿轮传动具有传动效率高、传动比准确、速度范围大的特点。

传动比(i)定义为从动齿轮转速与主动齿轮转速之比。即传动比＝从动齿轮齿数:主动齿轮齿数 ＝主动齿轮转速:从动齿轮转速。

$$i = \frac{n_1}{n_2} = \frac{Z_2}{Z_1}$$

式中,n_1为主动轮转速,n_2为从动轮转速,Z_1为主动齿轮齿数,Z_2为从动齿轮齿数。

减速齿轮组的传动比大于1。加速齿轮组的传动比小于1。

如图2.13(a)所示主动齿12齿,从动齿60齿,传动比＝60:12＝5:1,图(b)所示主动齿60齿,从动齿12齿,传动比＝12:60＝1:5。

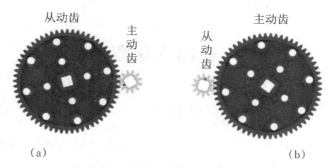

图 2.13　主动齿与从动齿

思考

依据所给简图 2.14，构建一个多级齿轮传动系统，设定小齿轮为主动轮。在此条件下，分析最顶上的大齿轮输出速度和力度的变化状况如何。

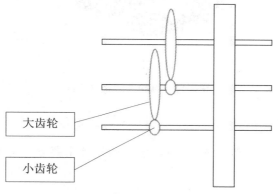

图 2.14　齿轮传动系统

搭建任务

（1）完成齿轮与支臂的固定。

（2）完成平行四边形抬臂的搭建（图 2.15）。

图 2.15

2.3 机器人获取装置

2.3.1 VEX机器人获取装置分类

在VEX机器人比赛中,核心任务无疑是获取目标物品以实现更高的得分。因此,得分物的获取成为首要目标。根据每个赛季的比赛规则和得分物的特性,我们会相应调整机器人的获取策略。目前,机器人获取方式主要可分为三类:夹取、吸取和铲取(图2.16)。

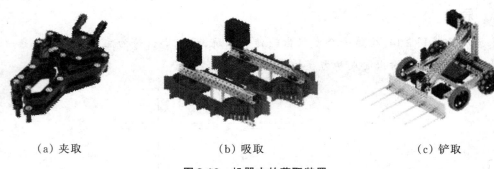

(a) 夹取　　　　　　　　(b) 吸取　　　　　　　　(c) 铲取

图2.16　机器人的获取装置

2.3.2 夹取装置

如图2.17所示,在VEX机器人中,夹取装置的设计主要分为单边夹取和双边夹取两种方式。

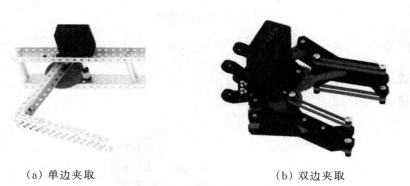

(a) 单边夹取　　　　　　　　(b) 双边夹取

图2.17　机器人的夹取装置

 实践探索

夹取装置通常采用齿轮进行传动。现对以下三种齿轮排列方式(图2.18)进行分析,哪一种不宜作为夹取齿轮的排列?

（a）方式一　　　　　　　（b）方式二　　　　　　　（c）方式三

图2.18 夹取装置

惰性齿轮,作为一种介于两个不相接触的传动齿轮之间的传递装置,兼具与这两个齿轮啮合的功能。其主要作用在于改变被动齿轮的旋转方向,使之与主动齿轮的转动方向保持一致。然而,惰性齿轮仅具备改变转向的能力,而对传动比无影响。因此,得名为"惰性"齿轮(图2.19)。

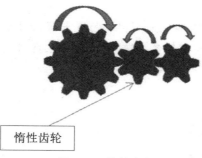

惰性齿轮

图2.19 惰性齿轮

2.3.3 吸取装置

VEX机器人的吸取装置通常采用链轮传动方式,通过链条上的拨片实现对目标物的抓取。链传动系统由平行轴上的一对主、从动链轮以及绕链轮周长的环形链条组成,链作为中间柔性元件,依靠链条与链轮轮齿的啮合来实现运动和动力的传递。如图2.20所示,常见的吸取方式主要有侧面获取和顶部获取两种。

（a）侧面获取　　　　　　　　　　　（b）顶部获取

图2.20 吸取装置

如图2.21所示,在侧面获取过程中,我们通常会选择采用喇叭口结构。这种结构的前端设计较大,有助于更有效地捕获目标物体;而后端尺寸相对较紧,有助于限制目标物体的位置和状态。

图2.21　喇叭口结构

2.3.4　铲取装置

如图2.22所示,VEX机器人通常采用铲取装置来获取得分物。这种装置的特点在于无需额外的驱动力,只需得分物底部具备一定的铲取空间,且对获取后的得分物状态与摆放无特殊要求。

图2.22　铲取装置

 挑战任务

完成获取装置的装配(图2.23)。

获取装置搭建手册:装置搭建过程如图2.24～图2.31所示。

图2.23　基本结构

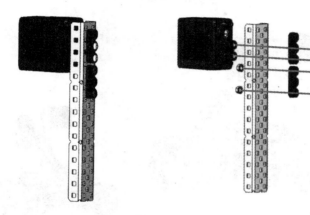

图2.24　步骤1

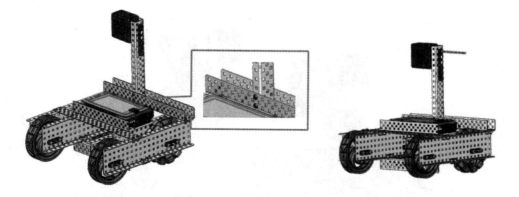

图2.25　步骤2

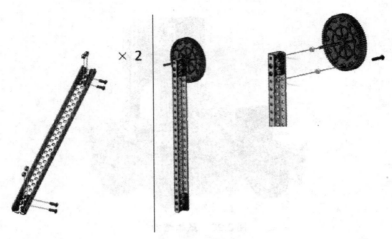

图 2.26　步骤 3

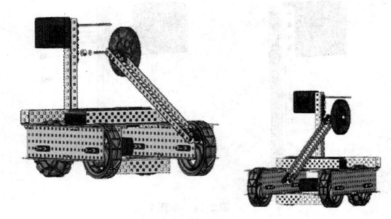

图 2.27　步骤 4

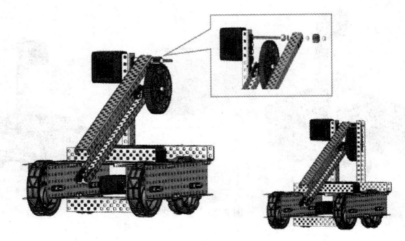

图 2.28　步骤 5

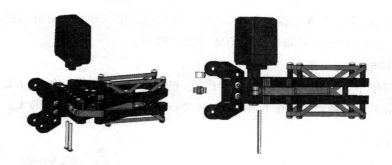

图 2.29 步骤 6

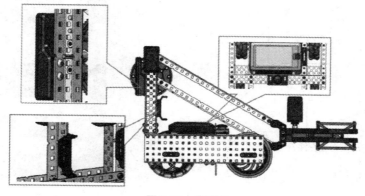

图 2.30 步骤 7

图 2.31 完整搭建图

2.4 举升装置及获取装置遥控程序

2.4.1 抬臂遥控程序

抬臂的作用在于驱动获取装置或其他结构在垂直方向上进行往复运动。在手动遥控过程中,为确保操作符合人体工程学原则,我们通常采用按键X和B通道分别控制抬臂的上升和下降,或者使用2号摇杆通道来操控抬臂的垂直移动。

1. 按键控制抬臂程序

在按键程序中,分支结构的应用颇为广泛,包括单分支、二分支和多分支三种类型。图2.32分别展示了这三种结构在流程图以及VEX code V5中的模块表示形式。

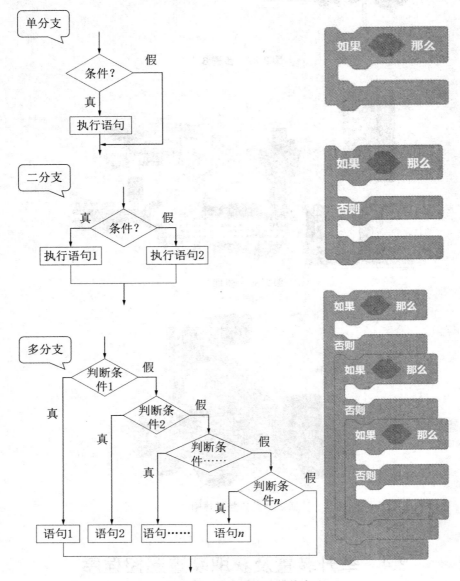

图2.32 分支结构及模块表示

按键程序流程图如图2.33所示。

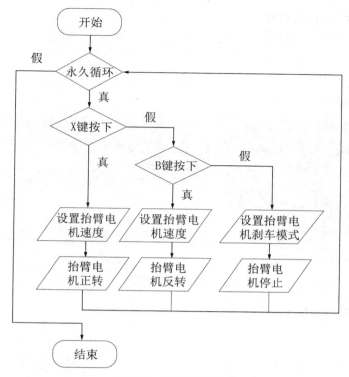

图2.33 按键程序流程

按键程序示例如图2.34所示。

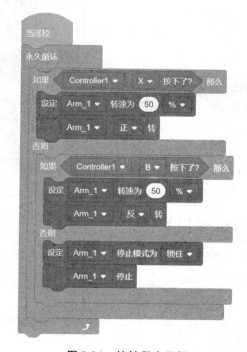

图2.34 按键程序示例

2. 摇杆通道控制抬臂程序

防误触控制如图2.35所示。

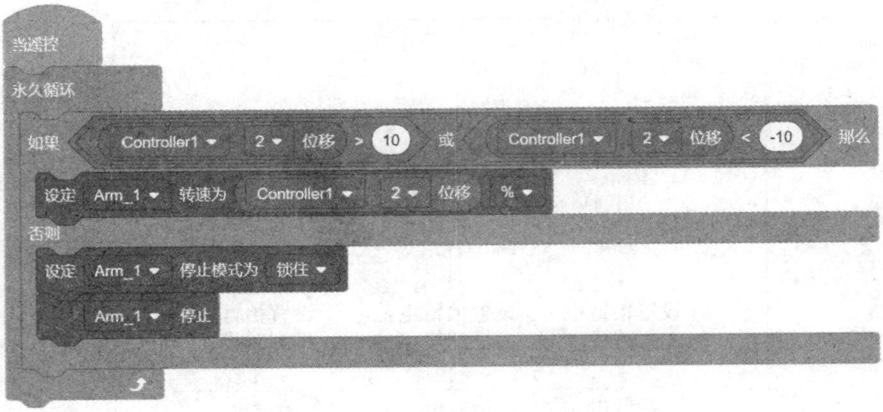

图 2.35　防误触控制

直接控制如图2.36所示。

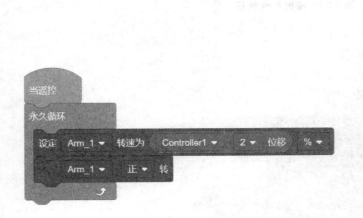

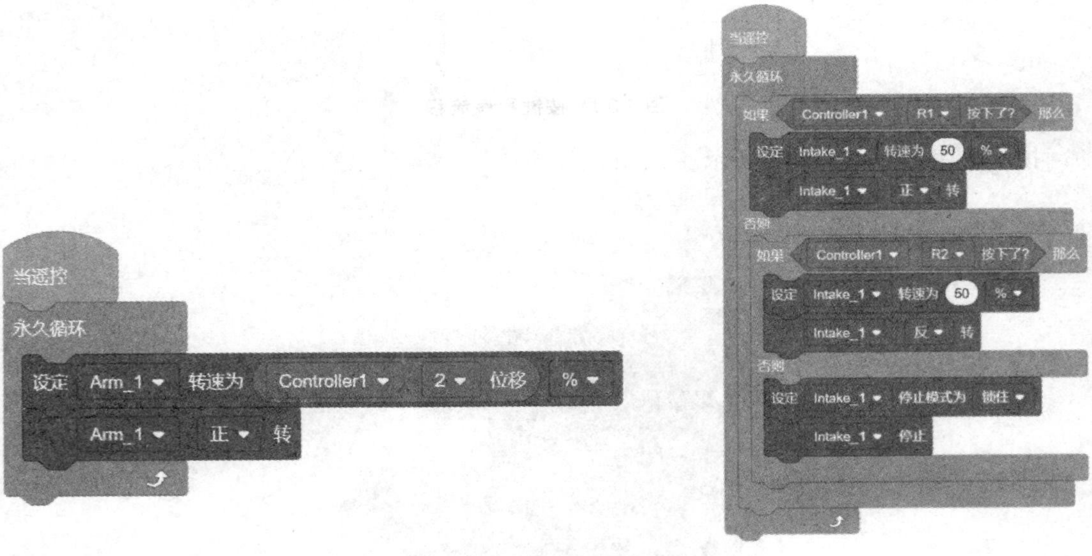

图 2.36　直接控制

2.4.2　获取装置(机械爪)

机械爪的核心功能为成功捕获目标物体并将其安全置于得分区域,因此在使用过程中,不仅需确保抓取到目标物体,还需保证抓握牢固且不会对物体造成损伤。

1. 编程实践

使用编程软件进行程序编写,在底盘程序的基础上编写机械爪与抬升程序,使用X、B或通道2控制抬臂;R1与R2控制夹子。

2. 遥控训练

使用遥控器进行遥控操作训练。

2.5　触碰传感器

2.5.1　触碰传感器概述

传感器主要有两种类型:模拟传感器和数字传感器。

模拟传感器通过线缆传输电压与VEX微控制器进行通信。通过衡量发送电压在零与最大电压之间的电压差,微控制器能够将电压视为一个进程中的数值。因此,模拟传感器能够检测到此电压范围内的任意数值。例如,一款光学传感器能够感知光强,在完全黑暗环境下发送零电压,在光线强烈时发送最大电压,在其他情况下根据光强发送相应电压(图2.37)。

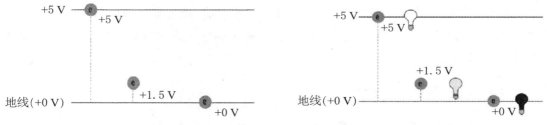

图 2.37　光学传感器

模拟传感器的局限性在于,在电路中难以生成或保持精确且明确的电压。相较之下,数字传感器在电气状况不佳时仍能传输较高可靠性的信号。然而,数字信号仅具有两种取值:高或低,因此不具备展示全量程数值的能力(图2.38)。

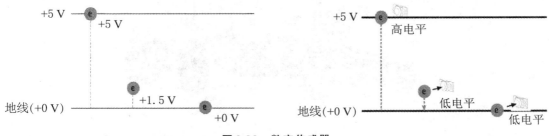

图 2.38　数字传感器

数字传感器传输电压,与模拟传感器相似,但其输出仅限于零或最大值,而不能涵盖从零到最大值之间的所有数值。如果微控制器检测到介于零和最大值之间的数值,会默认这是由电干扰引起的,进而显示接近最大值或零的数值。尽管仅提供这两个数值而非整个范围内的数值看似缺陷,但在许多情况下,这种限制反而具有优势。以碰撞开关为例,作为一种数字传感器,其目的在于检测是否发生碰撞,因此仅需提供零和最大值这两个数值即可。

如图2.39所示的触碰开关是通过电路通断方式向系统提供反馈信号。

图2.39　触碰开关

工作原理:触碰传感器有三根导线连接到主控器。

黑色线:接地线。

红色线:未连接。

白色线:信号线。

在未触发开关上的保险杠时,黑色导线与白色导线并未连接,从而导致电路中断。此时,将返回信号"0"至主控制器。然而,当保险杠被按下后,黑色导线与白色导线得以连接,使电路闭合,进而返回信号"1"至主控制器。此类开关的常见应用包括检测障碍物以及限制手臂超出其活动范围。

2.5.2　触碰传感器装配

装配位置:机械臂降下后能够稳定按压下传感器位置(图2.40)。

图2.40　传感器装配

2.5.3　限制抬臂程序

程序要求:能够完成抬臂锁止任务,夹子夹取物体要稳固不易脱落。

图2.41所示为抬臂使用触碰、编码器锁止程序逻辑流程图。

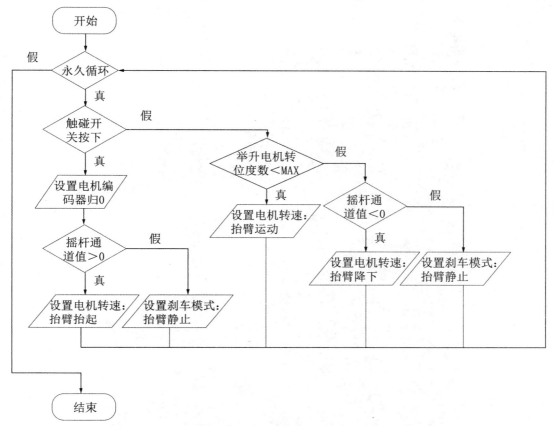

图 2.41　抬臂使用触碰、编码器锁止程序逻辑流程图

2.5.4　抬臂装置锁止程序示例

抬臂装置锁止程序示例如图 2.42 所示。

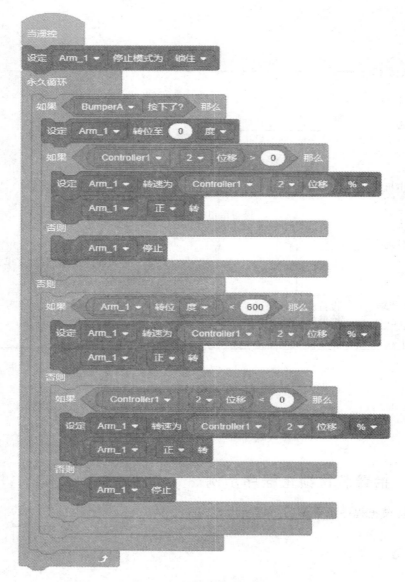

图2.42　抬臂装置锁止程序

2.6 任 务 挑 战

1. 手动测试说明

手动遥控时间为60秒,共有三轮机会,取最高分为最终成绩。

遥控程序要使用竞赛模板程序,测试过程中使用场控器进行控制。

2. 场地说明

场地说明如图2.43所示。

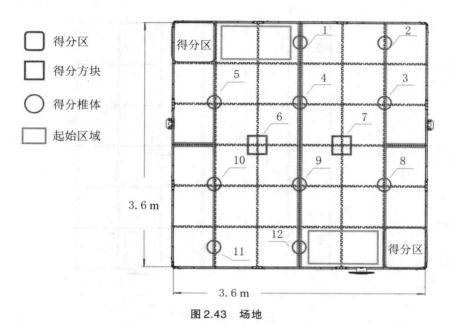

图2.43 场地

3. 得分说明

得分说明如表2.2所示。

表2.2 得分说明

得分物	单个分数	套叠/堆叠
锥体	2分	4分
方块	3分	6分

4. 套叠/堆叠说明

套叠/堆叠说明如图2.44所示。

图2.44 套叠/堆叠

5. 战术分析

在场地图纸中标注出机器摆放位置以及机器朝向,规划并画出机器运行轨迹(图2.45)。

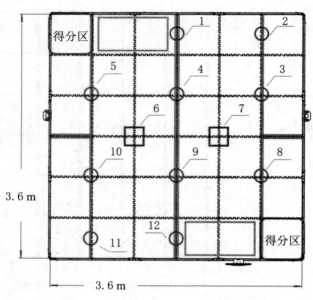

图2.45　战术规划

6. 我的目标得分为_____。

表2.3　得分计划表

第一选择几号得分物的获取		是否堆叠		计划用时	
第二选择几号得分物的获取		是否堆叠		计划用时	
第三选择几号得分物的获取		是否堆叠		计划用时	
第四选择几号得分物的获取		是否堆叠		计划用时	
第五选择几号得分物的获取		是否堆叠		计划用时	

7. 训练

根据自己的目标得分与计划进行训练,在训练过程中进一步优化自己的规划路线以及得分方案。

8. 测试记分表

将测试得分记录在表2.4中。

表2.4　VEX遥控操作计分表

姓名：	第一轮		第二轮		第三轮	
	个数	分数	个数	分数	个数	分数
得分方块(3分)						
堆叠方块(6分)						
得分锥体(2分)						
套叠锥体(4分)						
最终总分						

第3章 简易机器人对抗设计

▶ ▶ ▶ **内容提要**

　　本章的核心学习内容是机器人的改装，以及程序的优化。此外，同学们还需通过模拟实际赛事的方式，进行针对性的训练和参赛。

3.1 简易机器人规则主题及机器优化设计

3.1.1 简易机器人规则主题——足球机器人

　　足球运动，主要依赖脚部操作来控制足球的运动轨迹并实现射门，是一项两队竞技的体育运动。两队参赛者在规定的长方形场地上(图3.1)，依据既定规则，进行进攻、防守和对抗。目前，我们计划设计并改造一台VEX足球机器人，以模拟人类足球运动员在实战中的表现。

思考

足球机器人应该具备哪些能力才能完成踢球任务？

3.1.2 足球比赛规则

　　足球，被誉为"世界第一运动"，其独特的魅力源自其激烈的对抗和丰富的战术变化。然而，这一切都需要在规则的基础上进行。下面，我们将对足球比赛的基本规则进行

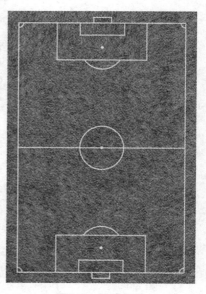

图3.1　足球场地

详细的解析。

1. 比赛场地与球员

足球比赛通常在一块长方形的草地球场上进行,球场两端各设有一个球门。每支球队由11名球员组成,其中1名守门员负责防守球门,其余10名球员负责进攻和防守。

2. 比赛时间

一场标准的足球比赛分为上下两个半场,每半场45分钟,中场休息15分钟。如果比赛在法定时间内打成平局,则需要进行加时赛,加时赛上下半场各15分钟,中间不休息。如果加时赛后仍未能分出胜负,则需要进行点球大战来决定胜负。

3. 进攻与防守

在比赛中,球员需要使用各种技巧和战术来进攻对方的球门,并防止对方球员攻入自己的球门。球员之间需要紧密配合,通过传球、射门、盘带等方式来制造进攻机会。防守时,球员需要迅速反应,通过拦截、抢断等方式来阻止对方的进攻。

4. 比赛结束与成绩计算

当比赛时间结束或经过加时赛和点球大战后,裁判会根据双方球队的得分情况来判定胜负。得分高的一方将获得比赛的胜利,如果双方得分相同,则视为平局。

3.1.3　足球机器人比赛规则

每队参赛人数为2~3人,比赛时自动模式持续15秒,手动模式持续105秒。每队配置一名守门员,场地上放置三个足球(图3.2)。在规定的比赛时间内,进球数量多的队伍将被判定为获胜方。

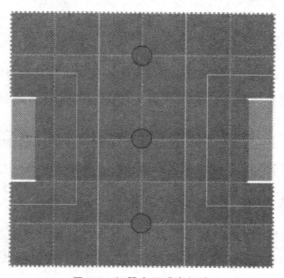

图3.2　机器人足球赛场地

3.1.4 足球机器人关键词解释

入门:本比赛的核心目标在于双方队伍需竭尽全力将足球射入对方球门。进球数较多的一方将被判定为比赛的胜利者。

赛局细则:所有赛事均将在图3.2所示的场地上进行。参赛双方(红色与蓝色队伍)需通过策略将足球射入对方球门来累积分数。图3.3中,蓝色圆环区域标示了足球的初始位置,而机器人则应按照图示位置摆放,代表双方队伍的初始站位(参见彩图)。通过有效的配合与技巧,队伍将有机会获得更高的分数并赢得比赛。

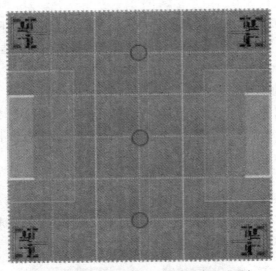

图3.3　机器人及足球初始位置(参见彩图)

场地说明:

(1)红蓝双方的球门由白色网状方框标示,这是双方球员射门的目标区域。

(2)红色与蓝色方框分别划定了红蓝双方的禁区范围,任何队员均须尊重并遵守这一区域的规定。

(3)蓝色圆圈是比赛开始时球的初始位置,所有队员应围绕此点展开战术布局。

(4)白线的左右两侧分别是红蓝双方队员的自动赛出发位置。

3.1.5 机器人结构设计要求

(1)电机数量应被限制在四个或以下。

(2)机器人的三维尺寸,即长、宽和高,必须严格限定在32厘米之内。

(3)在进行结构设计时,必须遵循简洁实用的原则。

(4)改装工作应当在现有的移动机构的基础上进行。

图3.4所示为足球机器人。

图3.4 足球机器人

3.1.6 机器人结构改进

1. 移动机构改进

（1）对现有轮距进行优化，使球体能顺利嵌入一半。

（2）对底盘电机的安装位置进行调整，确保机器的重心前移（图3.5）。

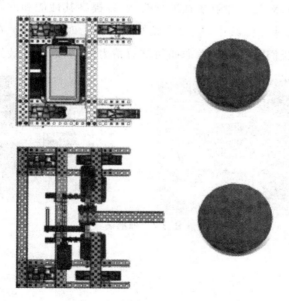

图3.5 移动结构改进

2. 获取装置改进（持球机构）

夹取方式：在得分物形状不规则且数量较少时，采用此种方式。若以电机为驱动，由于需要维持夹取动作，电机将连续工作，可能容易触发过热保护机制（图3.6）。

吸取方式：当得分物形状规则且数量较多时，推荐使用此方式。其优点在于能够迅速收集得分物，但需配合相应的存储结构进行使用。

铲取方式：此方式要求得分物底部具备一定空间，且对得分物的形态无特定要求。在特定结构设计下,可实现部分动力的节约。

图3.6　获取装置改进

3. 弹射装置

弩作为一种古老的武器,具有其独特的优势。其结构相对简单,拉力大,射程远,使其成为一种高效的远程武器。此外,弩的直射特性使得射击更为精确。鉴于弩的这些特点,我们可以借鉴其弹射原理,对足球弹射装置进行改造,以提高其性能和准确性(图3.7)。

弩也存在一定的缺点。其中,最为明显的是其蓄力时间较长。在借鉴弩的弹射原理进行足球弹射改造时,我们需要充分考虑如何缩短蓄力时间,以提高装置的实用性和效率。

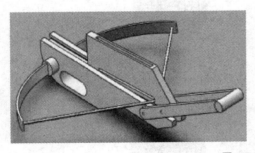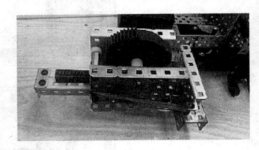

图3.7　弹射装置

3.2　针对任务的结构搭建和程序改进

3.2.1　移动机构改进

之前设计的机器移动机构在装配过程中,并未充分考量后续的结构和功能需求,因此存在重心不稳、易前倾后倒的问题。此外,底盘尺寸狭窄,导致持球能力较弱。

我们此前已完成了足球机器人的设计工作,为确保合规性,底盘设计需满足至少能容纳一半球体而不超过其容量限制的条件,故需对底盘宽度进行相应的调整。针对机器人的重心平衡问题,通过科学合理的分配电子设备布局,可以实现稳定可靠的平衡效果(图3.8)。

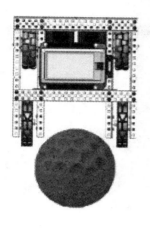

图3.8 改进的移动机构

 挑战任务

对底盘进行改装装配(图3.9)。

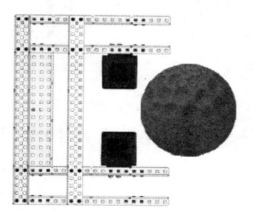

图3.9 底盘改装

3.2.2 得分机构装配

在装配得分结构时,务必审慎对待某些结构部分的优化问题(图3.10)。

击发机制依赖于适当的储能过程,这一过程与皮筋的弹性系数密切相关。若皮筋的弹性系数偏低,电机将能迅速完成储能,但可能导致踢球力度显著不足;反之,若皮筋弹性系数过高,电机可能面临无法转动的风险。因此,为确保稳定的击发力度,必须精确计算皮筋的匝数,以实现最佳的弹性匹配。

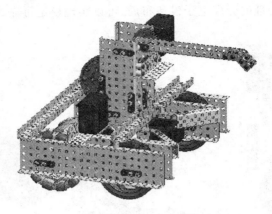

图 3.10 结构改进整机构造

3.2.3 整机搭建流程

(1)移动机构装配步骤1:如图3.11所示,采用12毫米螺丝将轴承片稳固安装。

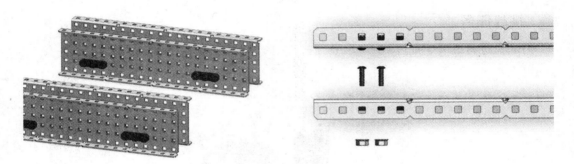

图 3.11 轴承片安装

(2)移动机构装配步骤2:采用8毫米螺丝将底盘支架连杆进行稳固固定(图3.12)。

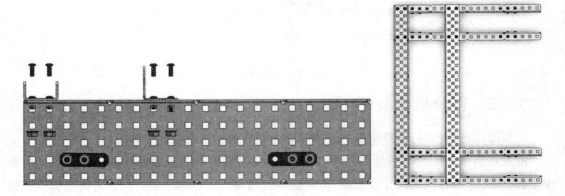

图 3.12 底盘支架连杆固定

（3）主控底板应采用规格为 5×20 的 C 形钢进行装配固定，以确保其稳定性和可靠性（图 3.13）。

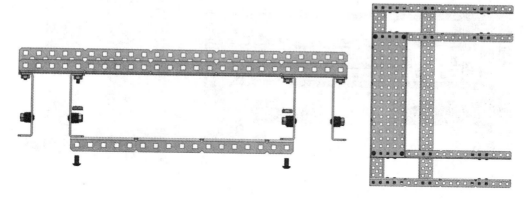

图 3.13　主控底板装配

（4）移动机构电机装配：为确保稳定性与效率，我们采用四个高速电机，并通过螺丝及弹簧垫片进行精确固定（图 3.14）。

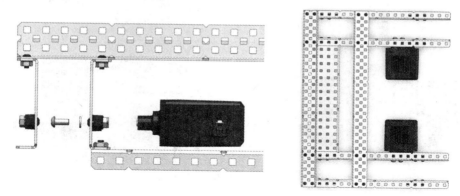

图 3.14　电机装配

（5）轮胎安装过程涉及四根四方轴、金属杯士以及塑料垫柱的组装与配合，以确保轮胎安装的稳固与可靠性（图 3.15）。

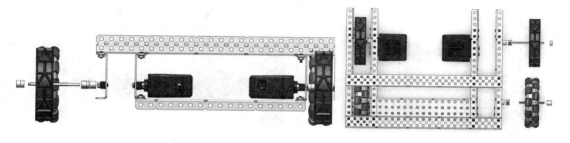

图 3.15　轮胎安装

（6）主控安装：使用两颗英制螺丝将主控固定在5格C形钢上（图3.16）。

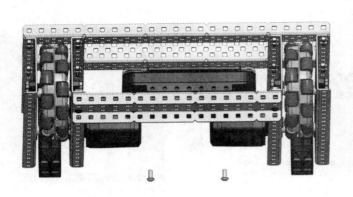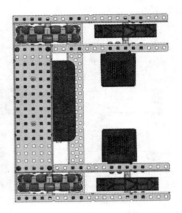

图3.16　主控安装

（7）机架装配步骤1：通过螺丝和垫柱进行稳固安装（图3.17）。

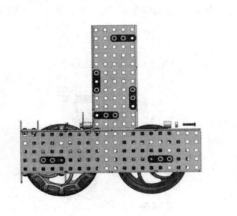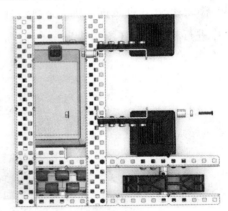

图3.17　机架装配(1)

（8）机架安装步骤2：我们采用两根规格为2×10的C形钢进行连接固定（图3.18）。

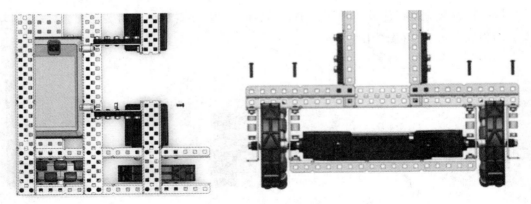

图3.18　机架装配(2)

（9）挡板安装：装配两根规格为$2×6$的C形钢在两侧做卡球限位（图3.19）。

图3.19　挡板安装

（10）机架电机装配，如图3.20所示。

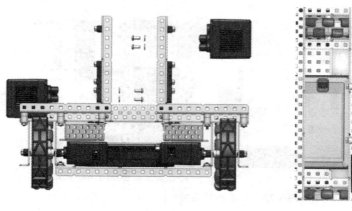

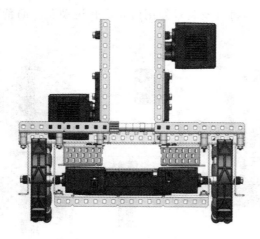

图3.20　机架电机装配

（11）传动齿轮安装：12T、84T齿轮啮合传动（图3.21）。

图3.21　传动齿轮安装

（12）传动齿轮安装：使用低速电机12齿啮合带动84齿齿轮做减速驱动提升扭矩（图3.22）。

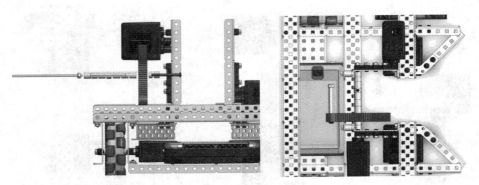

图3.22　传动齿轮安装

（13）触发机构安装：弹射触发装置使用齿轮周转运动及皮筋蓄力来驱使弹射机构进行往复（图3.23）。

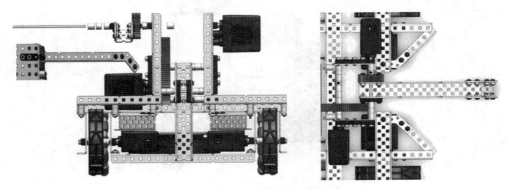

图3.23　触发机构安装

（14）触碰传感器装配：装配至弹射往复运动能够触碰位置且不影响往复行程（图3.24）。

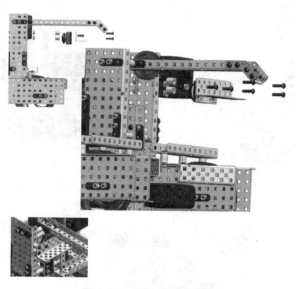

图3.24　触碰传感器装配

（15）无线通信模块与电池卡扣的安装如图3.25所示。

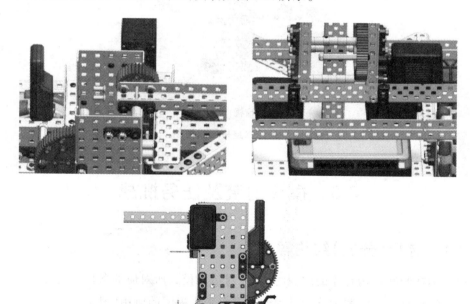

图3.25　无线通信模块与电池卡扣的安装

（16）完整机器三视图。

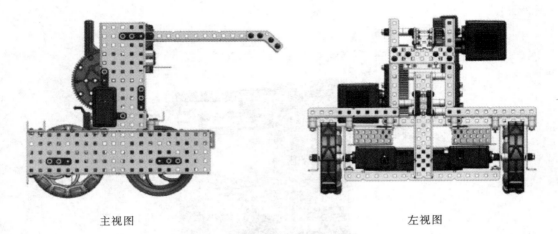

主视图　　　　　　　　　　　　　　　　左视图

俯视图

图 3.26　完整机器三视图

3.3　模块封装及任务挑战

3.3.1　选择(分支)结构程序

在进行选择判断结构程序的编写时,需先对运动模式所对应的条件进行深入分析,这将极大地简化编程过程。此逻辑分析过程的关键在于流程图的应用(图3.27)。

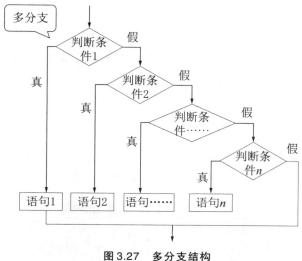

图 3.27　多分支结构

3.3.2　按键功能分配

在设计功能键位时,务必充分考量其在实际使用中的便捷性、效率性,以及是否符合用户的行为习惯,从而确保用户在使用时能够获得良好的体验。

 挑战任务

写出按键R1控制机器人手臂升降的遥控程序(图3.28)。

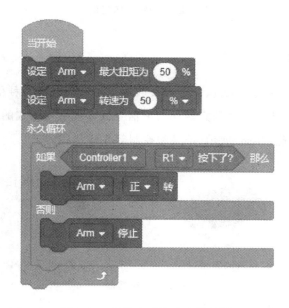

图 3.28　机器人手臂升降的遥控

3.3.3　遥控练习

经过第一阶段的底盘移动练习,我们已经初步掌握了底盘移动的技巧。接下来,我们将在此基础上,继续深化运球及击发技巧的学习与掌握。

 挑战任务

请从起始区出发,持球穿越绕桩区域,并最终抵达对方球门进行射门(图3.29)。请确保在整个过程中,严格按照规定的路线和动作执行,以确保任务的顺利完成。

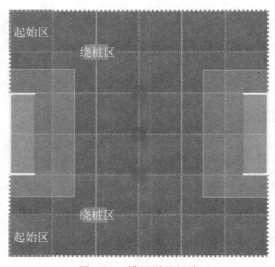

图3.29　模拟训练场地

3.3.4　传感器

传感器是一种精确的检测工具,它能够接收并识别待测量的各种信息(图3.30)。随后,传感器会根据特定的规律将这些信息转化为电信号或其他必要形式的信息输出。这一过程旨在满足信息传输、处理、存储、展示、记录和控制等多样化的需求。

惯性传感器(陀螺仪)　　　双向编码器　　　巡线传感器　　　触碰传感器

图3.30　传感器

各类传感器所具备的功能各不相同,因此在选择时必须紧密结合机器的实际需求。以操控机器射球为例,在实际操作中,我们发现每次射球前都需要经过一段时间的蓄力,以确保足球能够被准确地踢出(图3.31)。若能有效消除这一蓄力时间,将显著提高射门效率,进而提升得分机会。

图3.31 每击球一次,齿轮需转一圈

 思考

如图3.32所示,有没有什么方法能让齿轮每次转动到即将击发的地方停止,这样我们在传球、射门时只需要很短的时间就能完成相应动作?

图3.32 即将击发

3.3.5 传感器选择

为了确保击发装置的齿轮每次都能精准地停留在预设位置,我们需要对其状态进行精准判断。在这一过程中,传感器发挥着至关重要的作用,它能够实时提供齿轮状态的关键信息。尽管存在多种传感器选择,但我们必须审慎挑选最适合的传感器,以实现机器性能的优化。

编码器是用来记录电机旋转角度的。击发位置齿轮的角度是固定的,我们可以通过编码器记录其转动数值,来确定齿轮位置,从而让齿轮停在待击发位置上。但是各零件间因精度问题契合得不是那么完美,会导致误差越来越大,最终影响运行结果。

触碰开关/电位计:通过将其安装在合理位置,待击发装置触发即可判定到达预定位置;相较于编码器,触碰开关/电位计由于位置固定,齿轮触发开关停止的位置也会固定,从而达到较为理想的效果(图3.33)。

图3.33 触碰开关可保证触发位置相对一致

传感器程序编写:在编写程序之前,应在设置中添加相应设备(图3.34)。

图3.34 将触碰传感器设置在A口

触碰开关程序的本质在于判断传感器是否被按压,我们在程序中可运用选择判断结构来对传感器状态进行判断。

如图3.35所示,如果BumperA被按下(条件),则Motor1正转,否则(当条件不成立时)Motor1停止。

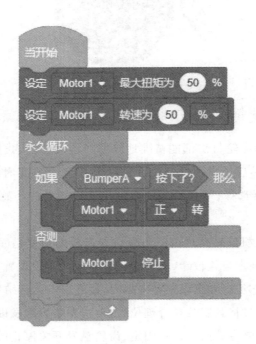

图3.35 选择判断结构程序

可将上述程序与按键控制程序组合成多条件判断语句，来对击发装置进行控制，如图 3.36 所示。

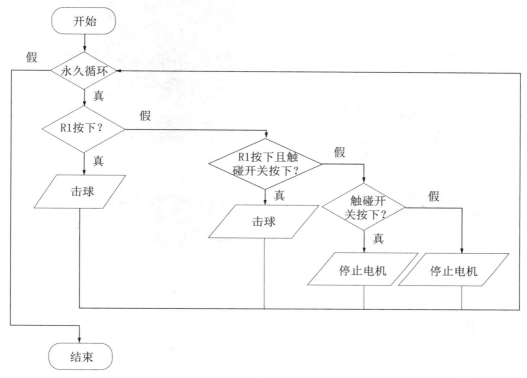

图 3.36　多条件判断语句

注　在编写程序时一定要考虑全面。

 挑战任务

完成遥控程序的编写。

3.3.6　模块封装

1. 模块封装内容

组成部分：函数名＋函数参数＋函数体。

函数名为自定义，应能概括函数功能；函数参数用于修改函数中需更改的数值；函数体决定函数功能。

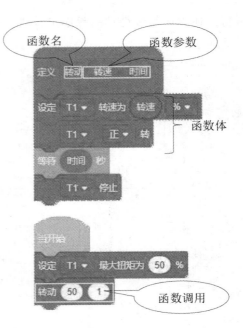

图 3.37　模块封装程序

 挑战任务

将底盘移动与击球程序用模块封装整合起来。

2. 自动调试

自动程序的优化对于团队的工作效率至关重要。一个高效的自动程序不仅能有效减轻团队的工作负担,更能为手动程序提供关键的竞争优势。在调试自动程序的过程中,掌握关键的基础数据至关重要,这些数据能够帮助我们提升调试效率。例如,机器在一个泡沫垫底盘上前进时,电机所对应的时间和度数(在固定扭矩速度下)是多少,以及机器在转动90°底盘时,电机所需要的时间和度数等。这些数据将为我们优化自动程序提供重要的参考(图3.38)。

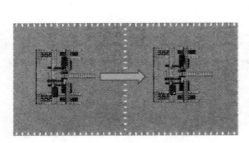 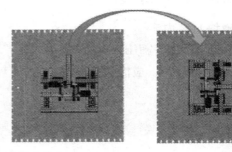

图 3.38　自动程序优化

挑战任务

根据规则以小组为单位制定自动策略,并进行调试。

3. 任务挑战(规则)

（1）赛局说明

赛局在图3.39所示场地进行,双方联队(红队与蓝队)各由两支或三支赛队构成,彼此在赛局中展开激烈对抗。

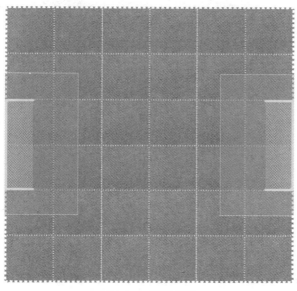

图3.39　赛局场地

（2）赛局时段及得分规则

在自动赛时段,参赛队伍需通过射门得分,将足球成功射入对方球门,以累积比对方队伍更多的进球分数。自动赛时段结束时,每成功射入对方球门一次计2分,每射入对方禁区一次计1分。需特别注意的是,自动赛时段内,参赛队伍被严格禁止进入对方联盟区域,一旦违反此规定,将被判定为负方。

至于自动赛时段的奖励分数,自动赛结束时,得分较高的队伍将获得2分的额外奖励。若自动赛时段双方得分相同,则红蓝两队各得1分。

进入手动赛时段,参赛队伍需通过争夺场地上的足球来得分,获得足球数量多的队伍将被视为自动赛的胜利者。在手动赛时段,每队被允许有一台机器人在本方禁区内担任守门员,若其他机器人违规进入,将受到20秒的罚停处罚。此外,手动赛时段内,每成功踢入对方球门一次计1分。

最终的总分由自动赛时段的奖励分数与手动赛时段的得分相加得出,得分高的队伍将被判定为最终胜利者。

（3）赛局相关定义

联队：指在一局比赛中，预先指定的两支赛队所组成的团队，以配对的形式参与比赛。

联队站位：在一局比赛中，为上场队员所指定的站立区域，供队员在比赛中进行战术布置和协作（图3.40）。

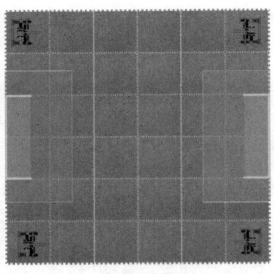

图3.40 赛局

（4）比赛规则

进球多者获胜。

上场队员：赛局中，每支赛队在联队站位内的学生。赛局中，只有上场队员允许在联队站位内与操控器件接触或与机器人互动。

罚停：对违反规则的赛队给予的处罚。被罚停赛队在赛局剩余时间不得操作其机器人，上场队员必须将遥控器放在地上。

取消资格（DQ）：对违反规则的赛队给予的处罚。在资格赛中被取消资格的赛队，获胜分（WP）、自动获胜分、自动环节排名分（AP）、对阵强度分（SP）均为零。

纠缠：机器人的一种状态。如果两台及以上机器人相互碰撞在一起超过5秒，就会被认为纠缠。

围困：如果场上一台机器人将对方机器人限制在场地上狭小区域内，没有逃脱路径，则视为围困（如若对方机器人无试图逃脱迹象，则不算围困）。

取消资格：对于违反比赛规则的赛队进行的处罚。

场地要素：泡沫垫、围栏、白色胶带、球门以及所有支撑结构或附件（如场控支撑架、计时屏等）。

赛局：赛局包括自动赛时段和手控时段，总时间是2分钟（120秒）。

• 自动赛时段：这是一局比赛开始时的15秒钟时段，此时机器人的运行和反应只能受传感器输入和学生预先写入机器人主控器的命令的影响。

•**手动控制时段**：这是自动赛时段后的105秒钟时段。在此时段内，上场队员手动控制机器人的运行。

机器人：通过验机的机器，被设计用于自动或在上场队员遥控下执行单个或多个任务。

（5）进球得分的状态

进球：在赛局结束时，满足下列所有要求的进球视为有效得分：① 球体一半以上进入球门线；② 球未接触机器人。

持球：在运球过程中，机器吃进球的体积不准超过二分之一。

球的尺寸：直径14 cm。

球门的尺寸：长86 cm，高26 cm，宽32 cm（图3.41）。

图3.41　球和球门

（6）安全规则

安全第一。任何时候，如果机器人的运行或赛队的行为有悖于安全或对任何场地要素、得分道具造成损坏，主裁判可判处违规赛队罚停甚至取消资格。该机器人再次进入场地前必须重新验机。

留在场地内。如果一个机器人完全越出场地边界（处于场地之外），该机器人将在赛局剩余时间内被罚停。

注　此规则无意处罚在正常赛局中机械结构碰巧越过场地围栏的机器人。

佩戴护目镜。赛局中联队站位内的所有上场队员必须佩戴护目镜或者带侧护板的眼镜。强烈建议赛队的所有队员在准备区佩戴护目镜。

在自动赛时段，上场队员不允许直接或间接地与其机器人互动。这包含但不限于：

① 操作其 VEXnet 或 V5 遥控器上任意操控钮。

② 以任何方式拔掉或干扰场控连接。

③ 以任何方式触发传感器（包括视觉传感器），即使没有接触传感器。

对于轻微违反以上规则的赛队，会被给予警告。影响自动时段胜负或干扰对方自动轨迹的违规,将导致对方联队获得自动时段奖励分。对收到多次警告的赛队,主裁判可判定取消资格。

不接触场地。上场队员只能在赛局指定时段内,按照<G9a>接触遥控器上的操控钮和机器人。赛局中,上场队员不得蓄意接触任何移动道具、场地要素或机器人,<G9a>描述的接触除外。

<G9a>在手动控制时段,只有机器人完全未动过,上场队员才可以接触其机器人。允许的接触仅限于:

① 开或关机器人。

② 插上电池或电源扩展器。

③ 插上 VEXnet 或 V5 天线。

④ 触碰 V5 主控器的屏幕,如启动程序。

不要损坏其他机器人,但要准备好防御。任何旨在毁坏、损伤、翻倒或纠缠机器人的策略,都不符合 VEX 机器人竞赛的理念,所以是不允许的。如果判定以上行为是故意或恶劣的,违规的赛队将被取消该赛局资格。多次犯规可能导致该队被取消整个赛事的资格。

机器人须符合尺寸限制。赛局开始时,机器人须小于 32 cm×32 cm×32 cm。

第4章　赛事主题与团队工程管理

▶ ▶ ▶ 内容提要

　　本章着重阐述比赛规则的深入解读,根据机器人所承担的任务来确定其构造,进而进行详尽的任务分析,并完成效益评估表的编制。学生需全面理解机器人团队的核心要素及其构成,学习VEX团队中各个角色的职责与工作分配,确保团队设定的合理性与高效性。同时,学生应掌握常见量具的使用技巧,并能准确进行基础零件的数据测量与数据收集工作。此外,本章还将介绍工程日志的概念,引导学生了解工程与工程设计的流程,并成功完成设计挑战任务。

4.1　规则解析

4.1.1　战略设计

　　在着手进行设计和构建任务时,学生们往往表现出高涨的热情,渴望迅速掌握工具和材料以开始构建机器。然而,若深入思考,我们可以发现,如果在体育课堂上,教师仅宣布今日学习乒乓球,而未详细解释规则、得分机制以及最佳击球技巧,便让学生们拿起球拍开始对打,这样的教学方式显然难以达到有效学习的目的。

　　因此,面对复杂的设计规则,我们必须深入解读其中隐含的要点,以充分发挥机器的性能。总结起来,我们可以从以下几个方面着手:

　　① 明确设计目标,了解哪些动作是允许的,哪些动作属于犯规行为。

　　② 考虑是否需要调整结构以达到最佳性能。

　　③ 分析潜在的设计策略,选择最优方案。

　　④ 进行实际的结构设计和构建,不断优化和完善。

经过上述步骤的严格执行,我们能够确保在机器的设计与构建过程中,始终遵循科学合理的规则与策略,从而有效实现其性能的最大化提升。

示例 在2020—2021赛季的规则中,得分条件被定义为将球投入篮筐,且球不能超出篮筐的最上沿。然而,该规则并未明确禁止机器人覆盖篮筐(图4.1)。

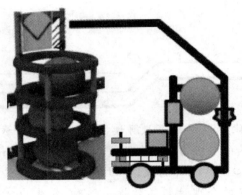

图4.1 机器人投篮

因此,在机器结构的设计过程中,可考虑增加一种防守篮筐的装置,以有效干扰对方得分。这种防守装置的存在与否,将直接对手动对抗策略的制定和实施产生影响。

4.1.2 功能设计

在功能设计的过程中,我们无需过分关注机器人的外观或其实现方式,而应将焦点集中在明确机器人所需完成的任务上。通过深入了解任务需求,我们可以精确地确定机器人应具备哪些结构,以确保其能够有效地完成预定任务(图4.2)。

① 获取结构

② 举升结构

③ 移动结构

图4.2 功能设计

1. 移动结构

在详细解读场地及其相关附件信息的基础上,我们必须清晰确定移动部分是否属于常规移动范畴,或者是否需要额外增加越障功能以满足特定需求。

如图4.3所示,在2018—2019赛季,参与者需要通过攀爬功能来获得额外的加分机会。

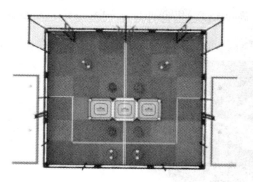

图 4.3　移动结构(参见彩图)

请问您能否列举一些对移动机构有特别要求的赛季任务?

2. 获取结构

在评估所有可行的得分途径时,我们必须深入剖析每种方法的效率。这包括对各种得分机制进行详尽的考察,以确定它们在不同情况下的表现。一旦确定了最有效的得分方式,我们就需要构建相应的得分结构,以确保在比赛过程中能够稳定地实现高分。值得注意的是,当得分平台位于泡沫垫之上或需要通过码高堆叠来提高分数时,我们还需要认真考虑是否需要增加抬升装置,以便更高效地提升得分水平。

 思考

如图 4.4 所示,2019—2020 赛季的任务在于高效地将方块准确地放置在得分区内。为达成此目标,我们需权衡两种策略:一是即时将每个得分物逐一堆积至得分区;二是先在场内集齐 10 个得分物,再一次性堆积至得分区。哪种方式更高效一些?

分析:_____

_____

_____

3. 成本分析

在考虑搭建与维护成本时,必须全面权衡多个因素,包括搭建时间、维护时间以及所需马达数量等。我们的目标是实现成本与收益之间的正比关系,以确保经济效益最大化。

在设计机械结构时,有几个关键因素需要我们仔细考虑:

(1) 行驶距离。在相同距离下,速度与时间呈现反比关系,这意味着更快的速度将缩短所需时间,但也可能增加马达的负荷和维护成本。

(2) 得分机制中的物体搬运问题。举起不同重量的物体,如乒乓球和实心球,所需的扭矩和马达数量会有显著差异。重物搬运通常需要更大的扭矩或更多的马达,这也会相应增加成本。

（3）放置物体的高度也是一个关键因素。高度越高,机器伸展结构的设计就越复杂,这不仅会增加搭建和维护时间,还可能提高成本。

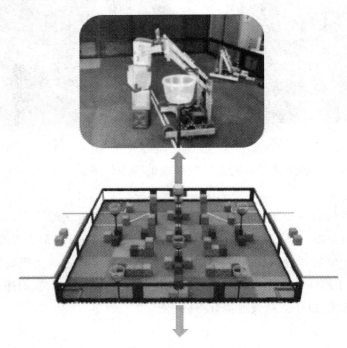

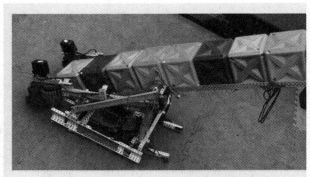

图4.4　获取结构(参见彩图)

（4）特定任务可能需要特殊结构以获取额外加分。在设计过程中,我们需要权衡这些特殊结构对成本的影响,并考虑其是否能为总体收益带来显著增长。

在追求成本与收益正比关系的过程中,我们必须全面考虑这些关键因素,以设计出既经济又高效的机械结构。

4. 效益分析

（1）将需要完成的任务根据其收益进行排序,收益等级划分为1～10级,其中1级代表最低收益,而10级则代表最高收益(表4.1)。请将这些信息详细记录在表格中(表4.2)。

（2）对每个任务的难度进行评估,并同样按照1～10级的等级进行排序,其中1级表示最容易完成的任务,而10级则表示最难完成的任务。请将这些评估结果也记录在表格中。

表4.1　2018—2019赛季Tower Takeover记录表

任务名	移　动	打最高塔	收集得分物	储存得分物
收益等级	10	3	10	8
收益分析	有移动功能才能得分	能够额外加分	能够获取得分物	能够收集多个得分物一起放进得分物,减少路程,大量缩减时间
难度等级	3	8	5	4
难点分析	安装难度较低,需要根据获取结构和得分结构进行多次调整	延长抬升结构,尺寸不好收缩,结构变复杂,而场地中间只有一个高塔可以用	结构小巧,复杂,传动部分多,需要精细安装	多收集意味着收集结构变长需要伸展,收缩尺寸难度增加

(3)在表格数据的基础上,我们将计算每个任务的收益与难度之比。通常,比率最高的任务将被视为最优选择。

(4)在进行成本和收益评估时,一个常见的错误是对任务难度的误判。通常,较为困难的任务容易被高估。这种情况可能会导致我们将系统结构过度复杂化,尽管性能有所提升,但可能带来不必要的风险。因此,在评估任务难度时,我们必须根据实际情况进行合理判断,这是至关重要的。

5. 本赛季任务效益分析

将本赛季任务效益分析记录在表4.2中。

表4.2　本赛季任务效益分析

赛季名称:

任务名				
收益等级				
收益分析				
难度等级				
难点分析				

4.1.3　设计参数

(1)请详细列出您所设计机器的全部功能,并为每个功能合理分配马达(总数为8个)与齿轮箱,以确保机器能够高效、稳定地运行。

①　_____功能,_____个马达,_____齿轮箱。

②　_____功能,_____个马达,_____齿轮箱。

③　_____功能,_____个马达,_____齿轮箱。

④ _____功能，_____个马达，_____齿轮箱。

⑤ _____功能，_____个马达，_____齿轮箱。

(2) 规划底盘结构的长、宽、高尺寸：_____。

4.2 团队建设与文化

4.2.1 团队建设

1. 什么是团队

团队是由员工与管理层共同构筑的集合体，怀抱共同的理想与目标，矢志同舟共济，荣辱与共。在团队发展的道路上，历经长期的学习、适应、调整与创新，终形成积极主动、高效协作且富有创意的集体。团队擅长解决问题，致力于达成共同设定的目标。

2. 团队的构成

(1) 目标导向：团队应确立明确的目标，为成员提供方向，明确前行路径。若无目标，则团队失去存在的根本。

(2) 人力资源：人是团队的基石，至少两人方能构成团队。目标的实现依赖于人员的具体执行，因此，团队成员的选择至关重要。

(3) 角色定位：团队成员需明确各自在团队中所扮演的角色，无论是制定计划、具体实施还是评估成果，均应有明确的分工。

(4) 权限分配：团队领导者的权力大小与团队的发展阶段密切相关。一般而言，随着团队的成熟，领导者的权力逐渐减弱，而在团队初期，领导权相对集中。

(5) 战略规划：为达成目标，需制定详细的行动计划。计划可视为实现目标的具体工作步骤和程序。

3. 完成团队设定

对队伍当前状况进行全面评估，确保各项工作的有序进行。

设定明确目标，旨在降低最终成绩对团队整体表现的影响，将重心放在促进团队成长与发展上。

针对队长选拔，设计小游戏环节，以评估孩子们的责任感及全局观，为选拔合适人才提供依据。

制定学习计划，确保团队成员在学习过程中能够互相监督、共同进步，实现团队整体实力的提升。

4. 团队核心

团队之精髓在于集体主义精神，强调成员间的协作与共享，倡导个体利益服从于团队整体利益。著名管理学家斯蒂芬·P. 罗宾斯指出，团队是由两个或两个以上相互关联、相互依存的个体构成,这些个体为实现特定目标而依照既定规则集结成为组织体系(图4.5)。

图4.5　团队

5. VEX——角色与职能

在整场比赛中,成功搭建一台机器人仅仅是完成了任务的一半。接下来,还需要进行程序的编写、机器人的日常维护、赛场的指挥调度以及机器人的操控训练等关键环节。这些步骤同样重要,对于机器人在比赛中的表现具有决定性的影响。

那么,这些任务将由哪些人员来承担呢?

(1)操控手:主要职责是在比赛中承担机器人手动控制的核心任务,确保机器人在赛场上的精准操作与高效得分(图4.6)。在比赛中,他们需要承担以下任务:首先,比赛中的操作与记录。在比赛过程中,操控手需精确控制机器人以获取分数。实时记录操控过程中的感受与异常情况,为赛后分析与改进提供依据。若发现任何异常,比赛结束后应立即与维修员沟通,提供关键信息以辅助维修员快速完成修复工作。其次,场下的分析与策略制定。与指挥员共同观察其他队伍的比赛情况,重点分析自动路线、手动得分的效率、机型特点及其优势。基于观察结果,与指挥员商讨针对性的合作策略或战术破解方案,为接下来的比赛做好充分准备。

图4.6　操控机器人

（2）指挥员：在竞赛过程中，指挥员作为核心策略规划与领导角色，其职责尤为关键。指挥员的首要任务是系统记录各支队伍的竞技表现，包括WP和AP的综合数据，为联队组合的后续筛选提供重要依据。其次，在紧张激烈的赛事中，指挥员需保持敏锐的洞察力，实时监控赛况变化，并依据实时状况灵活调整战术布局。同时，他们还需及时向操控手传达得分策略，确保团队在关键时刻能够做出最优决策。此外，指挥员还需全面观察每一场比赛，详细记录参赛机器人的各项数据，包括自动行驶路径、手动操控特性以及性能优劣，为后续的赛事策略制定提供全面且深入的支持。

（3）程序员：团队中编程任务的核心承担者。在竞赛环境中，他们肩负着以下关键职责：其一，手动编程的调整与优化，确保程序运行的稳定性；其二，自动化路线的改进工作，旨在提升自动化路线的精确度和效率，为手动阶段奠定坚实基础（图4.7）。

图4.7　编写程序

（4）维修员：负责维护和改进机器人的核心人员，其任务涵盖了多个方面。首先，维修员需要在比赛结束后立即与操控手沟通，了解机器人是否存在异常情况，并及时进行检修，以确保机器人的正常运行。其次，维修员还负责机器人结构的优化与升级，通过不断改进设计，提升机器人的性能和竞争力。此外，维修员还需确保机器人在每场比赛前都处于最佳状态，为比赛做好充分准备。同时，他们还需要负责维护所有备件和电池，确保备件的充足和电池的正常使用。在紧急时刻，任何一个队员都有可能扮演维修员的角色，共同应对突发情况，确保比赛的顺利进行（图4.8）。

图 4.8　维修机器人

 思考

你觉得自己适合哪个岗位呢? 自身在这一方面有何优势?

6. 分队

经过慎重考虑,我们决定选定团队成员,并就各自的职责进行初步讨论与规划,以确保项目能够有序且高效地推进(表 4.3)。

表 4.3　分队

职责	操控手	程序员	维修员	指挥员
姓名				

4.2.2　团队文化

1. 设计团队名称

团队名称应体现积极向上的精神风貌,并蕴含特殊意义。在命名过程中,可以使用汉字或字母,但需确保名称简洁明了、易于记忆。

2. 确立团队理念

团队理念是推动团队发展的核心动力,它倡导协同合作,追求全体成员心往一处想、劲往一处使的凝聚力和向心力。这种理念体现了个体利益与整体利益的和谐统一,为团队的高效运转提供了坚实保障。

3. 队徽设计的要点与技巧

(1) 图形化呈现(从队伍名称中提取核心文字/字母,并以简图形式映射相关内容)。

无论队徽(logo)是文字形式还是图形形式,首要步骤是明确其大致的外轮廓。在此基础之上,方可进行条纹化处理,转化为条纹图形。

选择何种类型的条纹,需根据品牌的特性以及图形的外轮廓来确定。

采用此方法时,必须确保文字或图像的可识别性不受影响。

(2)将数据以条形图的形式进行展示,以确保图像和文字的辨识性得到保留。

(3)将图形点化(不适用过于复杂的图形)。

图形的轮廓设计应追求简洁明了,避免过于复杂,以确保其识别性不受影响。在布置点时,需审慎考虑点的大小与分布密度,并根据各点间的相互关系,灵活采用渐变式、统一式、叠加式、分离式、3D式或自由式等布局方式。具体选择应基于实际需求进行,以确保最终设计的合理性与有效性。

在设计中,一个简单而高效的手法是运用圆框。或许你未曾细察,众多标志设计偏爱以圆形为基础。这种策略并非简单地将图形转换为圆形,而是直接在原图形或文字上增添圆形元素,其效果既简洁又美观。在中国风元素及食品品牌的设计中,这种手法尤为常见。究其原因,圆形作为最完美的图形之一,不仅外观简洁美观,而且视觉焦点集中。圆形所承载的寓意,如圆满与和谐,也为其在设计中的应用增添了深厚的文化内涵。

我们发现在英文字母中,有些字母本身就蕴含着箭头元素,如 A、K、X 等。这一特性为我们提供了独特的创新空间,可以通过巧妙地利用这些内置箭头元素,为我们设计的作品注入积极向上的寓意和动态感(图4.9)。

4. 设计属于自己团队的 logo

可以通过手工绘制(推荐)或使用专业软件如 Photoshop、Illustrator、CorelDraw 等进行创作。

图4.9　合肥一中机器人队 logo

5. 设计口号

在构建机器人团队时,为其设计一句富有激励性和凝聚力的口号至关重要。这句口号将成为团队成员共同努力、追求卓越的核心信念。你会为你的机器人团队设计什么样的口号呢?

6. 其他周边物品

对于队服、旗帜等物品,如有兴趣,可自行设计并制作(图4.10～图4.12)。

图 4.10　合肥一中机器人队队服

图 4.11　合肥一中机器人队队旗

图 4.12　队伍物品

4.3　数据测量

4.3.1　测量数据

测量数据指的是通过采用特定的测量工具或遵循一定的测量标准所获取的数据(图4.13)。

数据单位包括以下几类:

在长度单位方面,我们常用的有毫米(mm)、厘米(cm)、分米(dm)、米(m)以及千米(km)。这些单位用于描述物体的长度、距离或者高度等。

在重量单位方面,常用的有克(g)和千克(kg)。这些单位用于衡量物体的质量或重量。

此外,在面积单位方面,我们常用的有平方厘米(cm^2)、平方分米(dm^2)以及平方米(m^2)。这些单位用于描述物体占据的二维空间大小。

身高　　　　　　　　体重　　　　　　　　长宽

高度：142.7 mm
宽度：70.4 mm
厚度：7.1 mm
重量：约136克

图 4.13　数据测量

这些单位在日常生活、科学研究和工业生产中都具有广泛的应用，是我们量化和描述世界的基本工具。

4.3.2　量具的使用

量具的应用能够为我们提供最为精准的测量数据（图4.14）。然而，在面对一些无法直接获取的数据时，我们可以通过详尽的数学计算来获取所需的结果。这种计算过程不仅严谨，而且能够确保数据的准确性和可靠性。因此，无论是直接测量还是间接计算，我们都可以获得所需的数据，以支持我们的决策和分析工作。

图 4.14　常见的量具

麦克纳姆轮周长：$c=\pi d=3.14 \times 102$ mm$=320.28$ mm（图4.15）。

例题 4.1　如图4.16所示，已知点 A 与点 B 之间的距离为1米，即1000毫米。现有一辆小车需从A点出发，到达B点并停止。为达到最短用时，我们考虑使用高速马达（转速为200转/分钟）直驱的运行方式。请问使用哪种轮胎用时最短，并写出推导过程。

| 麦克纳姆轮主视图 | 麦克纳姆轮左视图 | 万向轮主视图 | 万向轮左视图 |

图4.15　轮子的直径

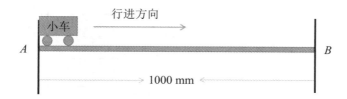

图4.16　例题4.1图

推导过程：_____

_____

_____

_____

结论分析：_____

_____

_____

_____

4.3.3　数据分析

将数据填入表4.4。

表4.4　数据记录

底盘设计因素	初始值	影响因素	影响因素测量值	修正值	最终值
底盘外侧板长度					

底盘设计因素	初始值	影响因素	影响因素测量值	修正值	最终值
底盘内侧板长度（轴距）					
底盘宽度（轮距）					
轮子固定架宽度					
底盘内间距					
底盘框架离地高度					

4.4 工程日志的编写

4.4.1 工程日志

在处理问题时，我们始终坚持采用系统的方法，以确保效率和准确性。对于工程师来说，面对复杂的工程问题，他们不仅必须遵循既定的设计流程，还要详细地记录该过程中的关键信息。工程日志，即工程笔记本，作为设计流程的全面记录，其作用类似于一本详尽的"工作手册"。它要求详细阐述设计流程的每一步，涵盖进度报告、概念草图、工程计算、原型图片和测试程度等多项内容。

此外，工程日志还必须记录关键决策点以及背后的理由，为后来的工程师或团队成员提供参考。在设计流程的后阶段，如果设计师遇到难题并忘记了之前的决策依据，这本日志将成为他们宝贵的参考资料。

工程日志不仅是一个记录工具，更是一个指导手册。它能够帮助任何非直接参与的设计师或其他人员理解设计决策，并按照设计师的思路，重复他们的工作，以达到相同的效果。

达·芬奇曾经过深入研究和实验,得出结论:对于悬挂在绳子下方的物体,其重心始终位于绳子的中心线下方。此结论源自他的手稿记录,其中详细描述了他对物体重心的观察与研究(图4.17)。

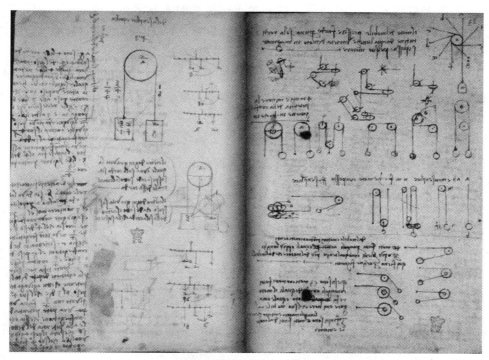

图4.17　达·芬奇手稿

4.4.2　工程与工程设计流程

工程是一种实践活动,它运用科学知识来解决实际问题,并通过系统化和有序的过程来实现目标。而设计则是一种创造性思考和实践的过程,它涉及在脑海中构思并实践新的发明或解决方案,制定详细的计划或规划,并以图形化或其他形式进行系统化的表达。设计的目的在于创造或改进物品、系统或服务,以满足特定的需求或实现特定的效果。简而言之,设计就是思考和创造新的东西,或者通过改进旧有的东西来解决问题或满足需求(图4.18)。

图4.18　设计流程

4.4.3 工程学科

在实际的工作与生活中,工程师的种类繁多,他们各自专注于不同的知识领域,并具备独特的解决方案以应对相关的问题。以下是一些常见的工程学科分类:声学工程、航空工程、航空航天工程、农业工程、建筑工程、汽车工程、生物工程、生物力学工程、生物分子工程、陶瓷工程、化学工程、土木工程、计算机工程、控制工程、电机工程、电子工程、能源工程、环境工程,以及涉及加热、通风、制冷和空调技术的工程领域等。这些领域的工程师们通过各自的专业知识和技能,为社会的发展和进步作出了重要贡献。

4.4.4 设计挑战

题目:利用十张卡片构建独立式塔楼,追求高度最大化。

任务须知:

(1)以小组形式参与。

(2)在获得材料之前,需预先规划和设计塔楼结构。

(3)获取材料后,进行原型制作,完成后需将全部卡牌及原型归位。

(4)每个团队最终拥有15分钟时间实施其最终设计方案,要求塔楼至少稳定竖立30秒,并根据高度进行评分。

4.4.5 设计流程

第一步:理解——对问题进行明确定义,把握问题的本质。

第二步:定义——针对问题,确立切实可行的解决方案框架。

第三步:创意——在解决方案框架内,发挥创新思维,生成具体可行的解决方案。

第四步:原型——通过制作原型,直观了解方案实施效果,预测潜在问题。

第五步:选择——对提出的多个方案进行综合分析,选择最合适的最终方案。

第六步:复盘——对方案设计流程进行细致回顾,确保方案实施的可行性和有效性。

第七步:实施——按照详细设计的解决方案,有条不紊地推进实施工作。

第八步:测试——对实施方案进行实际测试,验证其是否达到预期效果。

第九步:迭代——根据测试结果,对方案进行必要的调整和优化,实现持续改进。

4.4.6 项目实战

在工程日志本上完成设计及记录任务。

第5章 动力分配与系统集成

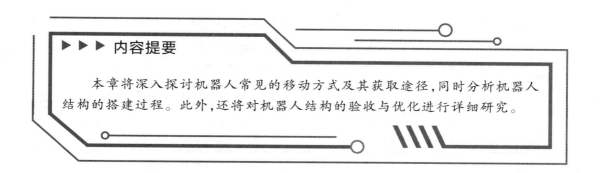

▶ ▶ ▶ 内容提要

本章将深入探讨机器人常见的移动方式及其获取途径,同时分析机器人结构的搭建过程。此外,还将对机器人结构的验收与优化进行详细研究。

5.1 移动机构设计、搭建和验收

5.1.1 常见的移动机构

如图5.1所示,VEX机器人的移动机构主要包含以下三种类型:步行式移动机构、履带式移动机构和轮式移动机构。

步行式　　　　　　履带式　　　　　　　轮式

图5.1 常见的移动机构类型

轮胎种类及其装配布局:在无特定功能需求的情况下,我们倾向于选择轮胎两边并排且呈对称布局的方式。基于任务的功能特性,我们可选用橡胶轮、万向轮、麦克纳姆轮等多种轮胎类型(图5.2)。

橡胶轮　　　　　　　　万向轮　　　　　　　　麦克纳姆轮

图5.2　常见的轮胎类型（参见彩图）

VEX三种轮胎的特点及其在移动机构上的应用如表5.1所示。

表5.1　轮胎的特点及其应用

类型	橡胶轮	万向轮	麦克纳姆轮
特点	抓地力大,转弯摩擦力大	灵活,转弯摩擦力小	可以很好实现平移以及45度行进
应用	在VEX机器人中常采用万向轮,适用性强,转弯灵活,但如果需要进行平移或特殊角度移动时,就需要用到麦克纳姆轮。		

VEX齿轮有低速齿轮、高速齿轮、超高速齿轮。通过实际操作和精确测量,对比体验三种不同机器人种类的速度齿轮箱所产生的扭矩大小。

三种齿轮的转动难易程度见表5.2。

表5.2　三种齿轮箱转动难易程度

类型	低速齿轮箱	高速齿轮箱	超高速齿轮箱
转动难易程度	比较费力	不费力	非常容易

5.1.2　底盘搭建

底盘,作为机器人的核心组成部分,负责实现其移动功能。它集成了传动系统、控制系统以及相应的执行机构,通常采用轮胎或履带作为移动方式。底盘不仅构成了机器人的基础框架,还是抬升结构和拾取结构的重要载体。在机器人设计中,无论是针对课堂项目还是比赛应用,底盘的组装和稳定性都至关重要。对于课堂项目而言,底盘的组装可能不需要过多考虑与其他机器人的互动或对抗性。然而,在竞赛环境中,底盘的稳固性尤为重要。一旦底盘出现弯曲或解体,机器人可能无法继续有效地参与比赛。因此,在设计和组装机器人时,必须充分考虑底盘的稳固性和耐用性,以确保机器人能够在各种应用场景中稳定、可靠地运行。

1. 底盘规格

在众多竞技活动中,均有明确的竞技章程。这些章程规定了参赛机器人在赛事起始时所允许的最大高度、宽度及长度,并可能进一步设定了最大水平延伸或最大高度上限。因此,底盘的尺寸设计必须确保机器人所有组件均能满足这些尺寸要求。

2. 底盘形状

在 VEX 系统中,其显著优势之一在于为用户提供了丰富的设计空间与近乎无限的创造潜力。当然,在实际操作中,我们需对某些方面加以考量。特别是在采用90°连接方式时,结构金属部件的组装过程将更为简便。底盘的设计至关重要,必须为机器人的其他关键组件,如控制系统、电机、车轮、齿轮及链轮等,预留出充足的空间。一种推荐的设计策略是在装配之前,将底盘与其他所有部件进行整体布局,以确保各部件之间具备合理的间距,同时确保底盘形状能够完美适配机器人的传动系统。若机器人将参与竞技比赛,则底盘形状的设计可能需要考虑特定要求。例如,一个更为紧凑的底盘设计可能有助于机器人更迅速地进入得分区域。反之,一个更为宽敞的底盘或许能让机器人在单次操作中获取更高的得分。此外,根据比赛中的障碍物设置,底盘设计亦需进行相应的调整,以满足实际使用需求。

3. 填写"底盘结构测试表"

在给予左右马达相同速度的情况下,对底盘进行直线行走测试。若底盘无法保持直线行走,需详细列出可能存在的问题,并针对这些问题对底盘结构进行相应的调整(表5.3)。

表5.3 底盘结构测试表

测　　　试			
左右马达速度	速度30%	速度50%	速度80%	速度100%
存在问题			
调整后			

装配后的情况可填写装配质量验收表(表5.4、表5.5)。

表5.4 装配质量验收表(1)

搭建学员:＿＿＿＿＿＿

质检学员:＿＿＿＿＿＿

项　　目	合　　格	良　　好	优　　秀
结构稳固度			
结构对称性			
马达安装			
螺丝紧固度			
结构平整度			
车轮安装			

其他装配问题:

表5.5 装配质量验收表(2)

搭建学员：_____

质检学员：_____

项　目	合　格	良　好	优　秀
轴顺滑度			
传动效果			
杯士固定效果			
垫柱/垫片使用			
铁芯安装			
车轮安装			
主控装配布线			

其他装配问题：

5.1.3 验收的概念与意义

1. 定义

在工程完成后，遵循既定程序和标准，对工程进行全面检验与审核的过程，称为工程验收。

2. 重要性

为确保机器人结构在搭建完成后能够正常运行并保持稳定性能，必须对结构的可行性、正确性和精确度进行严格检验。这一过程不仅有助于避免操作过程中出现结构问题，减少返工和维修的需求，同时也对提升学生的学习效率和工作效率具有积极意义。

3. 验收流程与方法

验收工作不仅涉及基础结构验收，还包括对结构功能的检测验收。因此，我们将验收过程细分为结构验收和功能验收两个环节。

4. 底盘结构验收

在进行结构验收时，需对结构的每个部分进行细致的检查。针对底盘的结构验收，具体检查内容如图5.3所示。

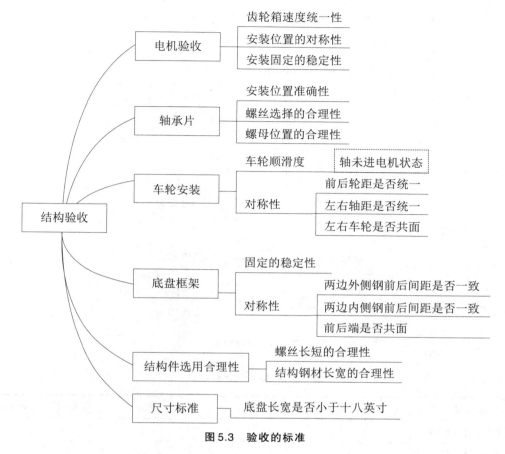

图 5.3　验收的标准

5. 底盘功能验收阶段

在完成初步结构验收后,随即进入底盘功能验收环节。

6. 验收方式说明

功能验收并非一蹴而就,需经过多次细致的调试过程,确保各项功能达标。此过程为动态调控,需依据实际情况灵活调整(图 5.4、表 5.6)。

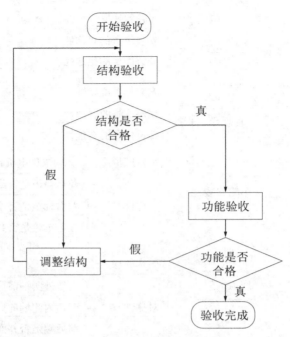

图5.4　验收流程

表5.6　机器人底盘验收表

验收项	是否通过	未通过原因	改正方法	改正后是否通过
电机验收				
轴承片验收				
车轮验收				
底盘框架验收				
结构件合理性验收				
螺丝规格选用合理				
尺寸标注验收				
运动功能验收				
方案可行性验收				

5.2　获取机构设计、搭建和验收

5.2.1　VEX机器人常见获取装置

VEX机器人获取装置在执行任务时,负责携带和释放得分物品。在过往的赛季中,我们针对不同类型的得分物品,如球状物体,常采用夹取、铲取或吸取等处理方式。具体选择哪种方式,需根据赛季得分物品的具体特征来决定。

以 2020—2021 赛季的任务为例,由于得分物品为球状,如图 5.5 所示,吸取方式在处理这类物品时更为高效。因此,我们选择了吸取结构来完成任务。具体结构如图 5.6 所示。

图 5.5　球状得分物

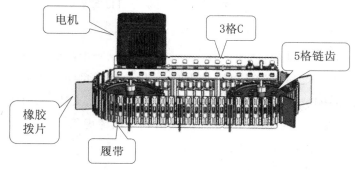

图 5.6　吸取结构轮廓

5.2.2　结构分析

由于得分球是要从上方投入筐中并且只能从下方开口取出,所以对于吸取装置高度位置有了限定,如图 5.7 所示 C 层圆环的高度决定了吸头的最高高度,D 层圆环的高度决定了吸头的最低离地高度。

如图 5.7 所示,由于得分球需从上方投入筐中,且仅能从下方开口取出,因此对吸取装置的垂直位置设定了明确限制。具体而言,C 层圆环的高度决定了吸头的最大操作高度,而 D 层圆环的高度则确定了吸头离地面的最小距离。

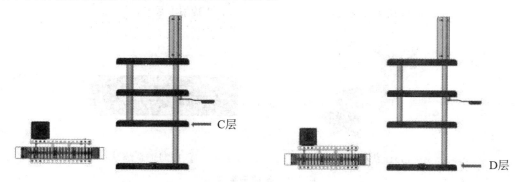

图 5.7　结构分析

5.2.3 传动

作为获取得分物的主要装置,吸头的效率至关重要,对其速度和强度均有明确要求。为实现这些要求,必须确保电机速度与传动配比的合理性。通常,我们采用高速电机驱动吸头,以确保其既具备足够的速度,又能产生较大的扭矩。此外,除了得分物本身会影响吸头的整体尺寸外,传动齿的大小同样对吸头宽度产生重要影响。当传动齿增大时,吸头的整体尺寸会相应变宽。因此,在计算吸头整体宽度时,必须充分考虑齿轮尺寸与得分物尺寸的影响。

5.3 系统集成与布线

系统集成是一种设计过程,旨在将各个子系统凝聚成一个高效的整体产品。这一过程并非在设计每个子系统之后或设计过程结束时才进行,而是贯穿于整个设计流程之中。理想情况下,每个子系统均能够良好运作,并与其他子系统相互支持,从而实现整体效率的提升,超越单一部件的总和。因此,在设计过程中,必须全面考虑每个子系统的影响因素,确保系统集成时各个子系统能够相互匹配、协调融合。

机器人的子系统介绍如下:

1. 子系统的分类

子系统分为移动子系统、抬升子系统、获取子系统、控制子系统、动力子系统以及传动子系统等,如图 5.8 所示。

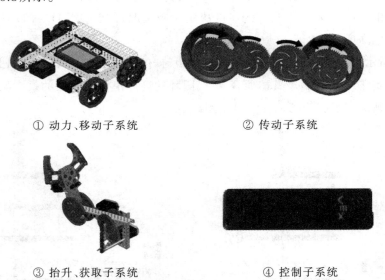

① 动力、移动子系统　　　　② 传动子系统

③ 抬升、获取子系统　　　　④ 控制子系统

图 5.8　各种子系统

2. 子系统集成的原则

经过深入分析和细致研究,我们发现通过对各个子系统进行优化调整,可以有效提升整个系统的综合性能。举例来说,传动系统的子系统中底盘前部的"漏斗"设计经过简化处理后,能够显著提升收集子系统的运作效率。

在设计过程中,我们始终致力于减少不必要的组件使用,并探索在子系统间实现组件共享的可能性。此外,我们还特别关注发掘那些能够在机器人系统中发挥多重功能的组件,以提升整体设计的经济效益和实用性。

为了便于后续的组装、拆解和维护工作,我们在系统架构上也进行了精心规划。同时,我们努力减少电机的使用数量,并在条件允许的情况下尝试实现电机的共享,以进一步优化系统的结构和性能。

速度是衡量系统有效性的重要指标之一,因此我们在设计过程中始终致力于提升整个系统的运作速度。通过遵循这些指导原则,我们有信心能够打造出一个运行流畅、性能卓越的机器人系统。

系统集成在机器人设计的整个过程中占据着举足轻重的地位,它要求我们具备全局观念,从整体上优化系统的结构和性能。通过不断探索和创新,我们将能够创造出更加出色的机器人系统。

3. 水晶头安装

实际操作水晶头安装,以组为单位进行,所需器材如表5.7所示。

表5.7　器材

名　　　称	数　　　量
V5主控	1个
V5智能马达	1个
V5电缆	1根
4P4C水晶头	2个
V5电池	1块

要求:将一根两侧已经安装好水晶头的V5电缆,一侧插入V5马达中,另一侧插入V5主控端口中,V5马达端口运行灯常亮为测试通过,如果出现灯光闪烁或者不亮的现象为安装失败,需剪下水晶头并重新安装,将测试未通过时出现的现象、分析原因、改正方法填入表5.8中。

表5.8　测试记录表

现象	分析原因	改正方法

4. 通电测试记录表

将通电测试情况记录在表5.9中。

表5.9 通电测试记录表

结构	故障现象	故障原因	解决方案
移动机构			
举升装置			
获取装置			

5.4 动力分配与验证

为确保VEX机器人比赛的公正性与公平性,参赛者必须使用指定的器材来构建他们的机器人。关于动力单元,目前存在两种驱动方式,一种是电机驱动,另一种则是气动驱动。这两种方式中,气动装置的应用较为受限,通常作为电机驱动的辅助手段。

根据比赛规则,参赛者可以自由选择符合以下标准的VEX V5智能电机和(11 W,即大电机)V5智能电机(5.5 W,即小电机)的组合,同时也可以搭配合规的气动元件。但需要注意的是,所有使用的电机(包括11 W和5.5 W)与等值功率的气动(5.5 W)组合的总功率不得超过99 W。这一点要是严格遵守的,以保证比赛的公平性和安全性(表5.10)。

表5.10 动力系统的限定

11 W电机的数量	8	6	8	6	4
5.5 W电机的数量	2	6	0	3	5
螺线管的数量	0	0	2	3	5

在机器人设计构建过程中,电机的使用受到一定限制,最多只能配置8个。为了保障机器人性能的最优化,这些电机通常按照以下方式进行分配:移动装置分配4~6个电机,抬升装置分配1~2个电机,获取装置同样分配1~2个电机。具体的电机分配方案还需依据赛季规则进行调整。

举例来说,若某赛季规则中得分标准较为严格,需要机器人具备抬升功能,则在本赛季的设计构建中,应优先为抬升装置分配电机。又如,当赛季得分点众多,要求机器人具有优秀的获取装置性能或灵活的机动性时,应在获取装置和移动装置中适当增加电机的配置。

第6章 人机工程与程序优化

▶ ▶ ▶ **内容提要**

　　本章主要聚焦于机器人结构的学习,以及程序设计的思路探究。通过对机器人结构的深入了解,我们将掌握其构成原理及关键部件的功能。同时,通过探讨程序设计的思路,我们将理解如何根据实际需求,合理规划机器人的行为逻辑,以实现预期的功能。

6.1 人机工程与不同使用习惯

6.1.1 模块化设计

　　在设计机器的初期阶段,应当遵循模块化设计的原则,以便为后续的修改和维修工作提供便利。这是为了确保机器在整个生命周期内能够保持高效、稳定和可靠的性能。模块化设计能够简化维修流程,提高维修效率,并降低维修成本。同时,它还有助于提高机器的可扩展性和可升级性。

　　模块化设计的优势在于其灵活性和可调整性,使得在功能需求发生变化时,能够方便地调整某一结构,以达到轻量化的目的。这种设计方式无需对整个系统进行重新设计,从而提高了设计效率和实用性。如图6.1所示,模块化设计的应用使得结构调整变得简单快捷,同时也为产品的升级和维护提供了便利。

图6.1 统一框架下的多元化机型设计方案

在设计的初期阶段,若某一结构的性能未能满足既定的设计要求,可采取针对性的修改措施,仅限于对该结构进行优化调整,而不必牵动其他结构的设计。

6.1.2 人机工程

在机器结构的设计过程中,必须充分考虑到主控和Wi-Fi信号接收器等交互设备的布局。这样的设计应确保在后续的人机交互过程中,操作人员能够便捷、准确地接触到这些设备,从而确保设备的正常运行和操作效率。

主控设备应放置于易于触及的位置(图6.2),以便于后期维修和测试时的操控;同时,建议将Wi-Fi设备裸露于外部(图6.3),以减少信号干扰并防止比赛过程中信号中断的发生。

图6.2 主控应放置在易触摸的位置　　　　图6.3 Wi-Fi模块也需露在外侧

选手操作受到遥控按键布局的重大影响,合理的功能按键配置有助于降低操作失误的风险。具体而言,控制同一项功能的按键应当设置在相近的位置,以减少手指在操作时的大跨度移动,从而提高选手的操作效率和准确性。

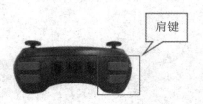

肩键

图6.4 遥控器

在2023—2024赛季的机器吸头控制中,推荐使用遥控器上的"肩键"——R1、R2进行操作(图6.4)。基于实用性考量,吸头功能在实训过程中被频繁使用。考虑到在左摇杆作为底盘操控杆的情况下,左手拇指需要承担此功能,若用L1、L2来控制吸头,将"底盘移动"与"吸头控制"两个高频功能集中于左手,可能引发操作上的冲突。具体来说,左手食指在施力时可能干扰拇指的力度,增加控制失误的风险。因此,选择右手键R1、R2来控制吸头更为合理。

对于2023—2024赛季的机器弹射控制,建议设置A键为启动弹射,X键为停止弹射。这样的布局使得在操作过程中,手指无需进行大幅度的移动,且能有效减少误触的可能性。相反,如果设置A键为启动,Y键为停止,则要求拇指在遥控器右控制区进行较大范围的移动,长时间实训下来可能导致手部肌肉疲劳(图6.5)。

图6.5　遥控器右部控制区域

为确保后续训练的顺利进行,机器控制逻辑必须维持一致性。

6.2　面向使用者的编程优化

为确保程序适用于不同用户群体(包括不同老师和学生),必须对其进行必要的整合和注释工作,以便于用户进行参数调整(图6.6)。

```
    < G main.cpp    G auto1.h    G joystick.h
17      // Run_gyro(200,-20,-90);
include          18      Turn_Gyro(90);///左转90度回到误差区
  G robot-config.h 19      task::sleep(100);///等待
  G vex.h          20      UpDown_1.spinTo(-3000,rotationUnits::deg,100,velocityUnits::pct,false);
  G void.h         21      RunAuto(-15,1000);///小滚轮慢转
  G mainauto.h     22      Run(-10);
  G auto1.h        23      UpDown_1.spinTo(-3000,rotationUnits::deg,100,velocityUnits::pct);
  G auto2.h        24      UpDown_1.spinTo(-3500,rotationUnits::deg,100,velocityUnits::pct,false);///抬升手臂
  G auto3.h        25      task::sleep(800);
  G auto4.h        26      UpDown_1.stop(brake);///手臂停止模式,刹车等待
  G joystick.h     27      Run_gyro(250,30,90);///前进前进
src              28      //UpDown_1.stop(const);///手臂停止模式,滑行
  G main.cpp       29      Turn_Gyro(15);///三转170
  G robot-config.cpp 30    Run_gyro(80,-30,15);///后退
                 31      Run_gyro(200,-30,-40);///后退
                 32      UpDown_1.spinTo(-1800,rotationUnits::deg,100,velocityUnits::pct,false);///手臂下
                 33      Run_gyro(600,-30,-45);///后退
                 34      UpDown(10);
                 35      RunAuto(-30,800);
                 36      UpDown_1.spinTo(-100,rotationUnits::deg,100,velocityUnits::pct,false);
                 37      Claw(Claw_Back,1);
                 38      task::sleep(500);
                 39      Claw(Claw_Back,-1);
                 40      Brain.Screen.clearScreen();
```

图6.6　程序整合及注释

6.2.1 程序整合

头文件是一种用于封装功能函数和数据接口声明的文件类型,其主要职责是存储程序的声明信息。相对而言,定义文件则专注于保存程序的实现细节。通过合理地将功能相近的程序代码组织在同一头文件中,可以显著提高程序编写的效率和便捷性。这种模块化的编程方式有助于提升代码的可读性和可维护性(图6.7)。

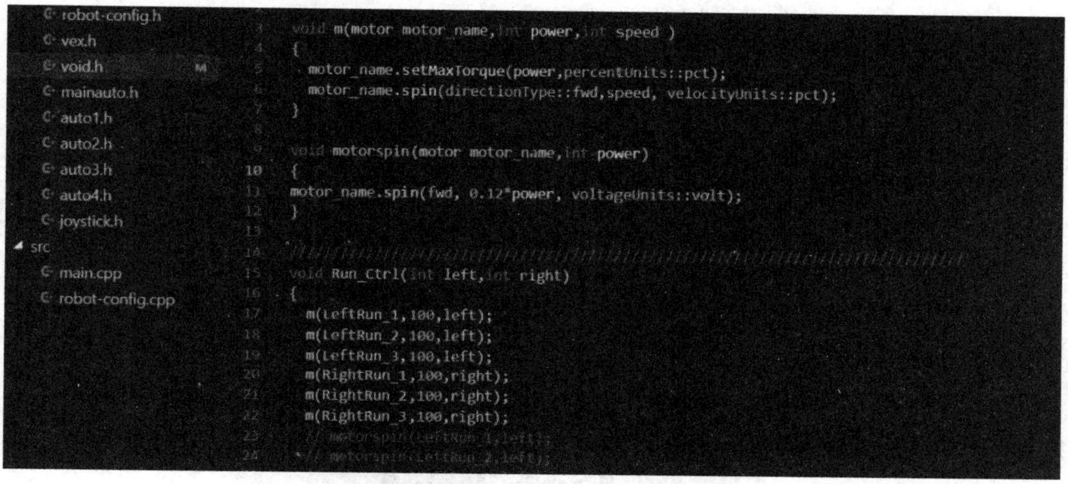

图6.7 将函数声明写在void.h头文件中

经过对原图的仔细分析,我们发现将函数声明进行集中整合,可以极大地方便编程过程并简化代码内容。因此,我们采取了这一措施。对于其他编程者在使用过程中可能遇到的疑惑,我们建议直接查阅相关的头文件,以深入了解函数的定义和用法。

6.2.2 面向使用者的程序优化

在实训或竞赛过程中,机器硬件偶发异常,致使队员无法顺畅操作。为助力队员迅速识别并解决问题(诸如电机故障或齿轮脱离等),我们可运用VEX硬件的特定功能,为维修人员提供便利。

经过开机并等待陀螺仪校准完成后,机器会进行一次短暂的电机运动,并将编码器的参数信息展示在主控屏幕上。队员可以通过观察这些反馈参数来判断电机是否存在异常情况。例如,如图6.8所示,开机后左侧3号电机无反馈数值显示,因此可以初步推断Left_3电机或其主控端口存在损坏的可能性。

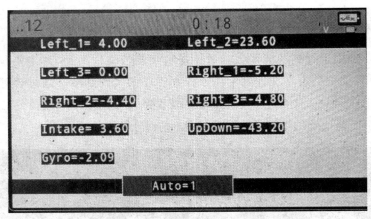

图6.8 主控屏幕反馈电机参数

另外,通过遥控器屏幕也可以获取重要的反馈信息(图6.9)。我们将陀螺仪的数值显示在遥控屏幕上,这样队员就能根据这些数值判断机器的状态是否正常,以及自动程序是否能成功运行。同时,还能在屏幕上显示当前待释放的自动程序标号,以防止队员误释放程序,从而避免比赛失利。

图6.9 利用遥控器屏幕反馈信息

6.3 函数封装与调用

6.3.1 函数的概念

C++语言中,一个程序无论大小,总是由一个或多个函数构成,这些函数分布在一个或多个源文件中,每一个完整的C程序总是有一个main函数,它是程序的组织者,程序执行时也总是由main函数开始执行。函数由函数名、形参、函数体和返回值组成。我们可以理解为一段实现相应功能的代码集合。

6.3.2　函数名的命名原则

（1）该函数名称由字母、下画线、数字等元素组合而成。

（2）通过使用简洁易懂的英文单词或拼音词汇，可以精准地描述该函数的实际功能。

（3）在命名过程中，应保持首字母大写，同时，数字与字母之间应采用下画线进行连接，以确保命名规则的规范性和可读性。

我们在 VEX 自动程序中常用无返回值型函数，函数声明为：void。函数中程序代码也叫作函数体。

在 VEX 自动程序中，我们经常会使用到一种特定类型的函数，即无返回值型函数。这类函数在声明时，其返回类型被明确标注为"void"，在函数内部执行的程序代码，我们称之为函数体。

函数结构如下：

函数类型＋函数名（参数类型＋参数）

{

//程序代码

}

示例函数：

```
void UpDown(int power,int spd)
{
UpDown_1.setMaxTorque(power, percent);
UpDown_1.setVelocity(spd, percent);
UpDown_1.spin(forward);
}
```

6.3.3　函数的封装、调用

如图 6.10 所示，新建头文件 void.h 的步骤为：首先，在 include 文件夹上右击，并选择新建文件选项。接着，在弹出的窗口中，选择头文件类型，并将其命名为 void.h。

图6.10　创建头文件示例

功能封装涵盖以下三个关键模块：

（1）移动机构驱动模块，旨在实现设备的精准移动。

```
void RunAuto(int power, int spd, int time)
{
LeftRun_1.setMaxTorque(power, percent);
RightRun_1.setMaxTorque(power, percent);
LeftRun_1.setvelocity(spd, percent);
RightRun_1.setvelocity(spd, percent);
LeftRun_1.spin(forward);
RightRun_1.spin(forward);
wait(time, msec);
LeftRun_1.stop(brake);
RightRun_1.stop(brake);
}
```

（2）距离控制模块，通过设定速度变量与时间变量，实现设备在指定时间内按设定速度行走一定距离。

```
void Run(int power, int spd)
{
LeftRun_1.setMaxTorque(power, percent);
RightRun_1.setMaxTorque(power, percent);
LeftRun_1.setVelocity(spd, percent);
RightRun_1.setVelocitx(spd, percent);
LeftRun_1.spin(forward);
RightRun_1.spin(forward);
}
```

（3）编码器控制模块，结合速度变量与编码器变量，确保设备在行进过程中能够精确控制行走距离。

```
void RuEncode(int power,int spd,int encode)
{
LeftRun_1.setPosition(0,degrees);
RightRun_1.setPosition(0,degrees);
while(((abs(LeftRun_1. position(degrees)) +abs(RightRun_1. position(degrees)))/2) <abs
(encode))
LeftRun_1.setMaxTorque(power,percent);
RightRun_1.setMaxTorque(power,percent);
LeftRun_1.setVelocity(spd,percent);
RightRun_1.setVelocity(spd,percent);
LeftRun_1.spin(forward);
RightRun_1.spin(forward);
LeftRun_1.stop(brake);
RightRun_1.stop(brake);
}
```

第7章 结构创新与优化设计

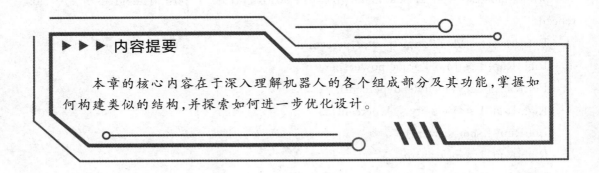

▶ ▶ ▶ **内容提要**

本章的核心内容在于深入理解机器人的各个组成部分及其功能,掌握如何构建类似的结构,并探索如何进一步优化设计。

7.1 更灵巧的结构设计

7.1.1 结构优化

结构优化是对结构进行细节处理的过程,能够提高机器的得分效率以及降低操作难度。另外,还可以是对机器的一些结构进行简化或重新设计的过程。

1. 方法

结构优化首先是发现与提出问题,然后才能分析并提出解决方案,最后实践解决问题(图7.1)。

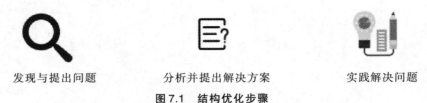

发现与提出问题　　　　分析并提出解决方案　　　　实践解决问题

图 7.1　结构优化步骤

以下通过一个案例来进行分析:

(1)发现问题

在七塔奇谋赛季中,我们注意到一个关键问题,即在机器人执行转体动作时,其上端的得分物经常从两端脱落。

（2）分析并提出解决方案

经过深入研究,我们发现,这一现象主要是由于物体在改变运动状态时表现出的惯性特性。当机器人进行转体时,得分物由于惯性,仍保持原有运动状态,导致从两侧脱落（图 7.2）。

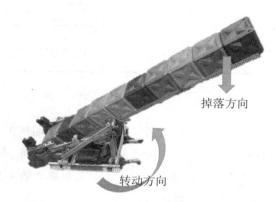

图 7.2　得分物脱落问题

针对此问题,我们提出以下解决方案:对机器人两侧进行适当遮挡。原设计中,滑道两侧已有 L 形钢作为遮挡,但鉴于得分物重心较高,我们建议增加挡板的高度,以有效防止得分物在转体过程中脱落（图 7.3）。

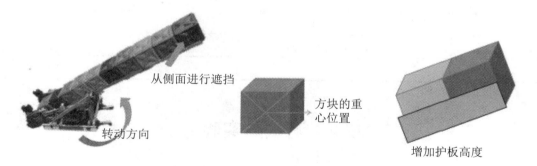

图 7.3　分析并提出解决方案

（3）实践解决问题

在两侧安装适当长度与高度的 PC 护板（图 7.4）。

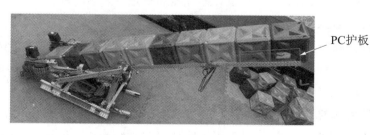

图 7.4　增加 PC 护板后的机器人

2. 设计任务

设计本赛季机器的优化方案，填入表7.1中。

表7.1　优化方案

结构名称	优化目标	实　施　细　节

7.1.2　挑战任务

在机器人设计的初步阶段，我们已经对各结构功能设定了明确的效率目标。然而，在程序下载并调试完成后，我们发现部分功能未能达到预期目标。为此，我们将针对本赛季机器人的测试情况，详细记录这些未达到预期的功能，并提出相应的效率提升方案，以确保机器人性能的优化。具体情况记入记录表格（表7.2）。

表7.2　机器人测试情况

结构位置	任务目标	解　决　方　案
举升装置	将得分物抬至得分高度	电机更换低速齿轮箱增加扭矩；减小齿轮传动比例。

7.2　测试与实验

7.2.1　仿真测试与实验验证

在VEX机器人的研发过程中，仿真测试和实验验证占据至关重要的地位。这两个步骤能够帮助设计师准确评估机器人结构设计的性能和稳定性。

1. 仿真测试的基本概念及其重要性

在VEX机器人设计中，仿真测试能够模拟机器人的实际运动和受力情况，进而评估结构设计的合理性。通过这种方式，设计师可以在早期阶段预测和识别潜在的设计问题，从而提高设计效率并减少后续的物理测试成本。

2. 仿真软件的选择与使用

在此部分，我们将推荐一些常用的仿真软件，如SolidWorks和Ansys等，并详细介绍如何利用这些软件进行结构仿真测试。通过案例分析,我们将展示如何利用这些软件分析机器人在不同工作条件下的性能表现,从而为设计提供有力的决策支持。

3. 实验验证在设计过程中的重要性

尽管仿真测试能够提供有价值的预测数据,但实验验证仍然是确保设计成功的关键步骤。通过实际测试,设计者可以验证仿真结果的准确性,发现并解决潜在问题,从而确保最终产品的性能和稳定性。

仿真测试和实验验证在 VEX 机器人设计中具有不可或缺的作用。通过深入理解和应用这些技术,设计者能够更有效地优化机器人结构设计。

7.2.2　传感器应用与数据采集

传感器在 VEX 机器人设计中所发挥的作用是至关重要的,其能够为机器人提供对外界环境的感知能力,进而触发相应的反应。我们将从以下几个主要方面进行深入剖析:

1. 传感器的类别与工作原理

我们将详细介绍多种常用的传感器类型,包括但不限于光电传感器和超声波传感器,并阐述它们各自的工作原理以及适用的场景。

2. 传感器数据的采集与处理

我们将讨论如何通过传感器有效地获取机器人所处环境的数据,并进一步探讨如何对这些数据进行处理和分析,以实现更为智能的控制和决策过程。

3. 传感器在结构设计中的应用

我们将探讨如何根据机器人的具体任务需求,选择最合适的传感器,并将这些传感器的数据应用于结构设计的优化和改进中,从而提升机器人的自主性和环境适应性。

7.3　针对不同结构的分析技巧

7.3.1　柔性结构与刚性结构分析

VEX 机器人的结构设计涵盖刚性结构与柔性结构两大类别,二者各具特色,各有优劣。本节将深入剖析以下几个方面:

刚性结构与柔性结构的界定及其差异性:阐释刚性结构和柔性结构的基本概念,以及它们在 VEX 机器人设计中的实际应用与特性。

结构分析方法的比较:对比刚性结构与柔性结构的分析方法,如静力学分析、有限元分析等,并探讨各种方法的适用领域与精确度。

结构优化的策略:针对不同类型的结构,提出相应的优化措施,以提升机器人的性能与稳定性。

柔性结构指的是在受到外部力或载荷作用时,能够产生较大形变的结构,其显著特征是具有较高的柔韧性和变形能力。在 VEX 机器人设计中,对柔性结构的分析至关重要,因为它们常用于实现复杂的运动控制、灵活的操作以及适应多变的工作环境。

1. 柔性结构的特点

相较于传统的刚性结构,柔性结构具备以下鲜明的特性:

卓越的变形能力:在受力作用下,柔性结构能够展现出较大的形变范围,使机器人能够更好地适应多变的工作环境,满足各种任务需求。

较低的刚度:柔性结构的刚度普遍偏低,因此更易受外部力的影响而发生形变,为实现更为灵活的运动控制提供了条件。

应力分布的复杂性:鉴于柔性结构的特殊性质,其受力状态通常较为复杂,需要采用专门的分析方法来深入研究和评估。

2. 柔性结构分析方法

(1)理论分析

理论分析指的是通过建立柔性结构的数学模型,并运用力学原理和方程来深入探究其内在规律的过程。在此过程中,常用的分析方法包括有限元法、弹性力学理论以及柔性体系动力学等。

有限元法是一种数值计算方法,其核心思想是将连续介质划分为有限数量的小单元,并在每个单元内建立适当的假设。通过求解每个单元的位移场或应力场,我们可以得到整体结构的应力和变形情况。这种方法对于模拟柔性结构的复杂变形情况具有较高的准确性。

弹性力学理论则主要利用弹性力学原理来分析柔性结构在受力情况下的变形和应力分布。这种方法通常适用于结构较为简单、载荷不太复杂的情况。通过运用这些理论和分析方法,我们可以更加深入地理解柔性结构的力学特性,为工程实践提供有力的理论支持。

(2)实验测试

实验测试是一种分析方法,通过在实际物理模型上施加力或载荷,观察并测量其变形和应力情况来得出结论。应变测量、位移测量以及载荷测试等均属于常用的实验测试手段。

其中,应变测量借助如应变计等传感器对柔性结构进行实时的变形监测和测量,从而获取结构的应变分布状况。位移测量则通过位移传感器等设备,对柔性结构的位移情况进行测量,以了解结构在受力作用下的形变情况。载荷测试则是通过施加已知大小和方向的载荷,观察结构的响应情况,进而对结构的承载能力和稳定性进行评估和测试。

(3)分析应用与案例研究

柔性结构分析方法的选择取决于具体的应用需求和分析目的。在 VEX 机器人设计中,可以根据机器人的结构特点和工作条件选择合适的分析方法,并结合实际的测试数据进行分析和验证。通过柔性结构分析,可以更好地理解和优化机器人的结构设计,提高其性能和灵活性,从而更好地适应复杂的工作环境和任务要求。

在工程领域中,刚性结构是指那些受力作用时形变极小或几乎可忽略的结构。对于 VEX 机器人的设计而言,刚性结构的作用至关重要,主要用于支撑和固定机器人的各个部件,以确保机器人在执行任务时具备高度的稳定性和精确度。接下来,我们将对刚性结构的分析方法和应用进行详细的阐述。

3. 刚性结构的特点

小变形特性:在受到外力的作用下,刚性结构的变形量往往微乎其微,因此在多数情况下可忽略不计。这种特性使得在研究和分析刚性结构时,可以将其视为刚体进行简化处理,从而有效降低力学模型的复杂度。

高刚度属性:刚性结构具备较高的刚度,这使得其能够有效地抵御外部施加的作用力,保持结构的稳定性和形状的稳定性。

受力状态简单:刚性结构在受力时,其受力状态相对简单明了。因此,我们可以通过运用静力学的基本原理和方法,对刚性结构进行准确的分析和计算。

4. 刚性结构分析方法

（1）静力学分析

静力学是专注于研究静止状态下的物体在受到外力作用时如何达到平衡,以及这些外力在物体上的分布情况。在涉及刚性结构的分析中,静力学原理的应用尤为广泛,它能帮助我们深入理解结构的受力特性及其平衡状态。

受力分析是静力学中的一个核心环节。通过细致考察结构的受力情况,包括具体的受力部位、大小和方向等因素,我们能够更为准确地判断结构的内力分布及其受力状态。

对于刚性结构而言,当其处于静态平衡状态时,其受力平衡条件自然成立。这意味着作用于结构上的外力和其内部产生的内力之和为零。为求解结构的具体受力情况,我们通常会借助平衡方程式进行计算。

（2）结构分析软件

在现代工程领域,计算机辅助设计软件被广泛应用于结构分析和计算。这些软件,如 Ansys、Abaqus 和 SolidWorks 等,利用有限元分析等数值计算方法,对结构的受力情况进行模拟和精确计算。具体而言,有限元分析通过将复杂结构划分为有限数量的小单元,并在每个单元内建立数学模型,再通过数值计算来求解整个结构的受力和变形情况,从而实现对结构性能的全面分析。

（3）分析应用与案例研究

承载分析:刚性结构在受到外部载荷作用时,需对其承载能力和稳定性进行深入分析。此项分析旨在评估结构的安全性和可靠性,为后续的结构设计方案提供依据。

刚度分析:在受力状态下,刚性结构的刚度和变形情况至关重要。刚度分析的主要目标是评估结构的刚度性能,并为优化设计提供指导。

优化设计:基于对刚性结构受力情况和变形情况的深入分析,我们可以确定最佳的设计方案。这一方案旨在满足结构的性能要求,并实现设计目标。

实验验证:为确保分析结果的准确性和可靠性,通常需要进行实验验证。这包括在实验室或现场进行载荷测试、应变测试等,以验证结构的实际受力情况和性能表现。

刚性结构分析方法的选择,需依据具体的设计要求与分析目的而定。在 VEX 机器人设计中,应基于机器人的结构特性与工作条件,审慎选择适当的分析方法。同时,结合实际的测试数据,进行深入的分析与验证。通过此种刚性结构分析,我们能更全面地理解并优化机器人的结构设计,进而提升其性能与稳定性,确保机器人能更出色地完成各类任务。

7.3.2 结构强度与稳定性分析

机器人的结构强度和稳定性是机器人正常运作和执行各项任务不可或缺的要素。在本节中,我们将对以下内容进行深入探讨:

首先,我们将对结构强度分析方法进行细致研究,具体阐述如何借助有限元分析等先进技术来评估机器人结构的强度,并进一步分析结构在受到不同力量作用时的形变情况以及应力分布情况。

其次,我们将探讨结构在运动和负载情况下的稳定性问题,深入研究如何设计出具备高度稳定性的结构,以避免发生倾覆和失稳等意外情况。

最后,基于以上对强度和稳定性的深入分析,我们将提出一系列具有针对性的结构改进和优化建议,以确保机器人在各种复杂工况下都能实现稳定、可靠地运行。

7.3.3 比赛案例

2021 年 VEX 机器人竞赛以"Tipping Point"为主题(图 7.5),旨在考察参赛机器人在限定场地内对球体的操控技巧。机器人需将球体精准地投入特定区域内的篮筐,以获得相应得分。此次竞赛全面展现了机器人在操控、射击、机动和策略等多个方面的综合能力。

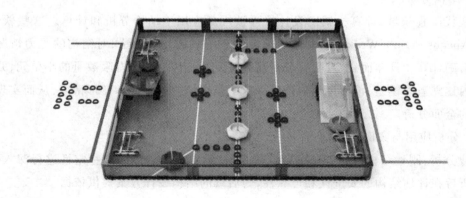

图 7.5 Tipping Point 场地图

1. 结构分析

在 2021 年举办的"Tipping Point"赛事中,机器人的结构设计及其分析依然占据着举足轻重的地位。为了确保机器人在竞赛中能够出色地完成各项任务,设计师必须全面考虑其稳定性、操控性、射击精度以及机动性。在结构分析方面,应重点关注以下几个方面:

（1）球体操控机构

为确保机器人能够高效且精确地操控球体并将其准确投入篮筐,球体操控机构必须具备高度的效率和精确性。为此,设计师应充分利用动力学分析与模拟工具,全面评估操控机构的性能与稳定性,从而优化设计方案,提升机器人的操控能力。通过此种方式,可确保机器人在执行任务时能够表现出色,满足各项要求。

（2）射击机构

在"Tipping Point"竞赛中,射击机构的设计是至关重要的一环。为确保机器人在比赛中能以高精度击中目标球体,提升得分效能,设计师需精心策划射击机构,保障其稳定性与精确性。

（3）机动性设计

鉴于比赛场地布局错综复杂,机器人必须具备卓越的机动性和灵活性,以便迅速响应并适应多变的环境。设计师可运用结构分析和模拟技术,对底盘设计和轮组配置进行精细调整,进而提升机器人的机动性能。

2. 优化设计

针对 2021 年"Tipping Point"比赛的任务需求,设计师需运用结构分析和优化设计的方法,以提升机器人的竞争力和效率。在进行优化设计时,关键在于以下几个方面:

（1）提升操作精确性

为优化球体的操控机构,我们致力于提高机器人的操作精确性与稳定性,以确保球体投放得精准无误。

（2）强化射击精准度

通过设计稳定的射击机构以及开发精确的射击算法,我们将显著提高机器人的射击精准度与得分能力。

（3）加强机动性能

为应对比赛场地复杂多变的环境,我们将优化底盘设计及轮组配置,进而提升机器人的机动性与灵活性。

通过上述的结构分析与优化设计,设计师将为 2021 年"Tipping Point"比赛的机器人注入更多创新元素与竞争优势,从而助力比赛的成功与胜利。

第8章 传感器的灵活运用

▶ ▶ ▶ 内容提要

　　本章的核心内容聚焦于深入学习和掌握VEX机器人常用的传感器技术。通过合理利用这些传感器,并对其进行精确的程序编程,我们可以进一步提升机器人的智能化水平,从而优化其性能表现。

8.1　编码器与闭环控制

8.1.1　编码器概述

编码器是一种设备,其主要功能是将信号或数据进行编码,并转换为适用于通信、传输和存储的信号形式。编码器能够实现角位移或直线位移向电信号的转换,其中角位移转换设备通常被称为码盘,而直线位移转换设备则被称为码尺。值得注意的是,VEX V5智能电机内部集成了编码器,如图8.1所示。

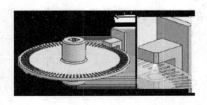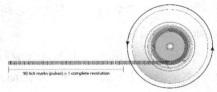

图8.1　V5智能电机编码器

1. 编码器的作用

编码器可将旋转位移转换为数字脉冲信号。这种脉冲信号可精准地反映角位移的变化,进而用于控制角位移。当编码器与齿轮或螺旋丝杆结合使用时,能够测量直线位移。此外,旋转编码器在转速测量方面也发挥着重要作用。结合 PWM 技术,可迅速实现调速功能。而光电式旋转编码器则通过光电转换技术,将输出轴的角位移、角速度等机械量转化为相应的电脉冲信号,并以数字形式输出。

2. 闭环控制

闭环控制是一种基于控制对象输出反馈的校正方法,它通过测量实际与计划之间的偏差,并根据预设的定额或标准进行调整。以调节水龙头为例,首先,我们会在头脑中设定一个期望的水流流量。当水龙头打开后,我们会用眼睛观察实际的水流大小,并将其与期望值进行比较。如果发现偏差,我们会用手调节水龙头,形成一个反馈闭环控制,以实现期望的水流流量。

对应的程序语句:

①Motor.setPosition(0, degrees);

功能:精准定位 V5 智能电机或电机组编码器至预设位置。

②Motor.spinFor(forward, 90, degrees);

功能:实现 V5 智能电机或电机组在预设距离内的精确旋转。

③Motor.spinToPosition(90, degrees);

功能:将 V5 智能电机或电机组旋转到特定的旋转位置。

8.1.2　程序实践

在执行手臂操作时,首先需将手臂精确提升至预设位置,并在该位置稳定保持2秒。随后,以同样的精确度和稳定性,将手臂缓慢下降至另一预设位置,并再次保持2秒。在所有步骤完成后,电机将停止运行。

示例程序:

```
int main()
{
vexcodeInit();
ArmMotor.setPosition(0, degrees);//将当前位置编码器值设为 0°
ArmMotor.spinFor(forward,90, degrees);//将手臂上升 90°
wait(2, seconds);//等待 2 秒
ArmMotor.spinFor(reverse, 20, degrees);//手臂下降 20°
wait(2, seconds);//等待 2 秒
ArmMotor.stop();//手臂电机停止转动
}
```

8.2　惯性传感器与精准控制

8.2.1　惯性传感器的介绍

惯性传感器是结合了3轴(X、Y和Z)加速度计与3轴陀螺仪的集成设备,如图8.2所示。加速度计负责检测任何方向上的运动变化,即加速度;而陀螺仪则通过电子方式维持一个参考位置,从而能够基于该参考点测量任何方向上的旋转变化。

将这两种设备集成为一个传感器,可以实现高效且精确的导航功能,并有效控制机器人的运动变化。通过检测运动变化,有助于显著降低机器人在行驶或攀爬障碍物时发生摔倒的风险。

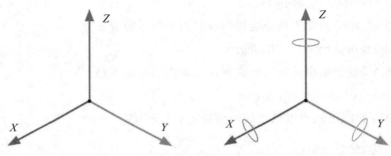

图8.2　惯性传感器3轴示意图

1. 惯性传感器的工作原理

在操作过程中,传感器的加速度计组件与陀螺仪组件均会向V5主控器发送智能信号反馈。

（1）加速度计

加速度计是一种传感器,用于测量物体沿X轴、Y轴和/或Z轴方向上的运动加速度。这些轴的方向由惯性传感器的方向决定。例如,在机器人应用中,X轴通常代表机器人的前后运动,Y轴代表左右运动,而Z轴则代表上下运动,如机器人在悬架上抬起或放下时的运动。

当加速度计内部的电子设备检测到惯性力的变化时,它会测量这种运动变化,并相应地改变其输出读数。运动变化的速率越快,读数变化就越大。需要注意的是,读数的正负值取决于物体沿各轴运动的方向。

加速度计的测量单位通常为重力加速度g。惯性传感器加速度计部分的最大测量限值通常设定为$4g$,这一限值足以满足大多数机器人运动测量和控制的需求。

（2）陀螺仪

陀螺仪的功能在于测量物体围绕三个轴的旋转运动,而非沿这三个轴的线性运动。当内部电子设备设定了稳定的参考点后,传感器会开始监测这种旋转运动。一旦传感器偏离了设定的参考点进行旋转,其输出的信号也会相应变化。陀螺仪在建立参考点(即校准)的过程中,所需时间极短,这一过程通常被称为初始化或启动时间。建议在校准过程中预留2秒的时间,或在比赛模板的预校准部分内启动传感器的校准过程。在VEXcode V5/VEXcode Pro V5传动系统功能中,传感器的校准步骤已包含在内。

值得注意的是,电子陀螺仪具有一定的最大旋转速率限制。若传感器所监测的物体旋转速度超过了陀螺仪的测量能力,那么传感器将返回错误的读数。惯性传感器的最大旋转速率可达每秒1000度,这一速度足以应对除极端机器人行为之外的所有场景。

为了充分利用惯性传感器的读数来控制机器人的行为,需要将其与VEXcode V5或VEXcode Pro V5等编程语言相结合。通过创建用户程序,V5 Brain能够将惯性传感器的读数转化为多种测量值,包括航向、旋转量、旋转速率、方向和加速度等,从而实现对机器人行为的精确控制。

2. 装配方式

如图8.3所示,在陀螺仪的大多数装配应用中,是将传感器安装放置在机器人的移动机构上。陀螺仪在标定时总是调整其方向,因此旋转测量是相同的。这使得传感器可以放置在6个可能的安装位置中的任何一个。

如图所示,在陀螺仪大多数的应用场景中,传感器通常被安装在机器人的移动机构之上。在陀螺仪的标定过程中,其方向会经过精确调整,以确保旋转测量的准确性。这一特性使得传感器可以灵活地安装在六个可能的安装位置中的任意一个,从而满足不同的应用需求。

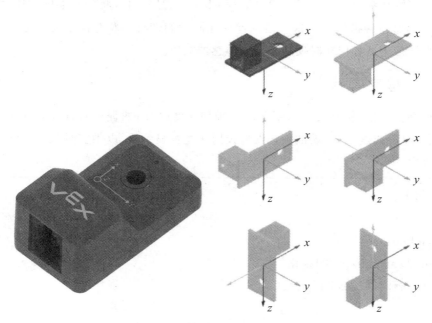

图8.3　装配示意图

3. 惯性传感器的常见用途

（1）标记位置

当使用惯性传感器引导机器人移动至特定航向时，传感器将参考校准过程中确立的基准点，将机器人调整至预定航向。具体而言，若机器人的目标航向设定为自起始位置的90°，则无论其当前航向为45°还是120°，机器人均会调整其方向以达到90°的目标航向。

（2）测量旋转量

与航向值不同，旋转量指的是机器人从其当前方向进行的角度转动。举例来说，若机器人首先朝向90°，随后再次旋转90°，则机器人最终将停留在相对于起始位置的180°方向。

（3）测量旋转速度

机器人旋转的速率，亦称为旋转速度，是驱动轮转动速度的直接体现。无论是改变航向还是进行一定量的旋转动作，驱动轮的转速均对机器人的旋转速度起着决定性作用。为量化这一参数，我们通常使用"每秒度数"（dps）和"每分钟转数"（rpm）作为单位进行测量。

（4）测量加速度

如先前所提及，惯性传感器能够测量加速度，即机器人在各轴向上运动速度的变化情况。值得注意的是，当机器人处于静止状态时，其左右和前后的加速度值将为零重力加速度（$0g$），而上下方向的加速度读数则为$1g$，这是因为地球引力对机器人施加了$1g$的力。

（5）模拟钟摆

将惯性传感器安装在一根长条形结构金属的一端，并通过轴或肩部螺钉将其另一端连接至固定塔上，使其能够模拟钟摆的运动模式进行摆动。随后，使用一根长智能电缆连接V5主控系统/控制系统与传感器。通过编程V5主控程序，可以将传感器的加速度值实时显示在主控器的彩色触摸屏上。这一活动旨在让同学们亲身体验并探索在钟摆摆动过程中，其末端的惯性传感器如何实时反映并改变传感器数值。

8.2.2　程序实践

运用惯性传感器，精确展示间距数据、y轴加速度以及y轴陀螺仪速率。同时，将当前的航向和旋转角度（以度为单位）准确无误地投射至主控显示屏，以供实时监测与分析。

示例程序：

```
int main()
{
vexcodeInit();
Inertial20.calibrate();//初始化
while (Inertial20.isCalibrating())
{
wait(100, msec);
```

```
}
while (true)
{
Brain.Screen.clearScreen();
Brain.Screen.setCursor(1, 1);
// Prints the pitch ( rotation around the side to side axis)
Brain.Screen.print("Pitch Orientation (deg): ");
Brain.Screen.print((Inertial20.orientation(pitch,degrees));
Brain.Screen.newLine();
// Prints the acceleration of the y axis.
Brain.Screen.print("Y—axis Acceleration (G): ");
Brain.Screen.print(Inertial20.acceleration(yaxis));
Brain.Screen.newLine();
// Prints the gyro rate of the y axis
Brain.Screen.print("Y—axis Gyro Rate (DPS): ");
Brain.Screen.print(Inertial20.gyroRate(yaxis, dps));
Brain.Screen.newLine();
// Print the current heading in degrees
Brain.Screen.print("Inertial Sensor's current heading (deg): ");
Brain.Screen.print(Inertial20.heading());
Brain.Screen.newLine();
// Print the current angle of rotation in degrees
Brain.Screen.print("Inertial Sensor's current angle of rotation (deg): ");
Brain.Screen.print(Inertial20.rotation());
wait(0.2, seconds);
}
}
```

8.3　V5 距离传感器及其使用

8.3.1　V5 距离传感器

1. 距离传感器简介

V5 距离传感器,作为 V5 传感器系列中的杰出代表,其设计初衷在于与 V5 机器人平台实现完美融合(图8.4)。该传感器通过运用教室安全级别的激光脉冲技术,能够精准测量从传感器前端至目标物体的距离。此外,V5距离传感器还具备物体检测功能,能够判断物体的相对尺寸,并将结果以小型、中型或大型的形式进行报告。此外,该传感器还能有效计算机器人的接近速度,即在机器人或传感器向物体移动时,测量其速度。

图8.4　距离传感器

2. 工作原理

V5距离传感器发出安全的激光脉冲,通过测量反射脉冲的时间,可精准计算出与目标物体的距离。其采用的一类激光技术,与现代手机用于头部检测的激光类似,保证了传感器具有极窄的视野,使得检测始终保持在传感器正前方。

V5距离传感器的测量范围广泛,涵盖了从20毫米至2000毫米的距离,相当于0.79英寸至78.74英寸。在距离低于200毫米时,其精度可达±15毫米;而在200毫米以上时,精度则保持在5%以内。

为了充分利用V5距离传感器的功能,需将其与VEXcode V5或VEXcode Pro V5等编程语言相结合,为V5机器人主控器编写用户程序。V5 Brain与用户程序协同工作,能够将传感器的读数转化为多种实用信息:

(1) 目标物体与传感器的精确距离,以毫米或英寸为单位。

(2) 物体移动的速度,单位为米/秒。

(3) 物体的大小,分为小、中、大三个等级。

(4) 物体的发现与识别。

3. 距离传感器的常见用途

(1) 利用毫米或英寸为单位测量与物体的距离,该数据反映了距离传感器前端与物体或障碍物/墙壁之间的实际距离。

课堂实践　运用距离传感器来测定机器人与墙壁之间的距离,随后使用卷尺等不同的测量工具进行复核,并将两种方法的测量结果进行比对分析。

(2) 对于物体速度,其计量单位为米/秒。这一指标为我们提供了关于机器人接近物体或物体接近机器人的速度测量值,单位为米/秒。

课堂实践　编制一套用户自定义的程序,以实现对机器人在向墙壁移动过程中最大速度的精准测量。

　　注　当物体朝向传感器移动时,无论是传感器主动向静止物体接近,还是物体向传感器靠近,传感器都将记录为正速度,如图8.5所示。相反,当物体远离传感器时,无论是传感器主动远离静止物体,还是静止物体远离传感器,传感器都将记录为负速度,如图8.6所示。这一点至关重要,因为传感器实现这一功能的方式是简单地测量并记录距离随时间的变化率,即速度(通常以米/秒为单位进行量化)。

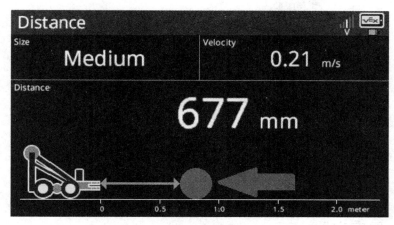

图8.5　物体向传感器移动示例

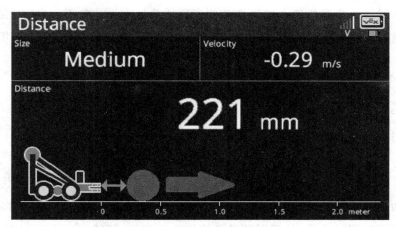

图8.6　物体远离传感器示例

　　(3)物体尺寸可划分为小、中、大三个等级。此功能允许机器人根据传感器接收的数据,对物体进行小型、中型或大型的自动识别。

　　课堂实践　运用V5机器人大脑的设备信息屏幕,将各类物体置于预设的距离(如1米的范围内),以此检验传感器对于物体大小的判定是否准确(如小、中、大)。需要强调的是,此功能所提供的物体大小判断结果属于估算值,可能会因物体表面的反射率等因素而产生一定偏差。

　　(4)识别目标对象。此功能旨在使机器人能够在物体进入距离传感器的探测范围内时,准确地检测到该物体的存在。

课堂实践 将具有不同反射率的物体,如黑色泡沫橡胶和闪亮的铝箔球,分别放置在传感器前方,观察并记录物体表面特性对传感器检测效果的影响(图8.7)。

图8.7 观察传感器检测效果

8.3.2 程序实践

距离传感器可为竞赛机器人提供卓越的竞争优势。在设计自主程序时,能够检测到围墙的距离并测量机器人速度的能力将提供大量信息。物体检测和确定物体的相对大小将为检测游戏棋子和/或目标提供有用的信息。

 思考

如何使用距离传感器,在传感器范围内检测到物体,并获取物体的大小、距离和速度信息?

在竞技机器人的设计与应用中,距离传感器无疑为其赋予了显著的竞争优势。通过编程实现自主功能时,机器人能够精确感知与围墙的距离,并实时测量自身的移动速度,从而获取丰富的环境数据。此外,传感器还具备物体检测功能,能够准确判断物体的相对大小,为识别目标提供关键信息。

以实际应用为例,距离传感器能够在其探测范围内有效识别并跟踪目标物体。通过传感器收集的数据,我们可以获取物体的精确大小、相对距离以及移动速度等关键信息。

程序示例:

```
int main()
{
// Initializing Robot Configuration. DO NOT REMOVE!
```

```
vexcodeInit();
// Print all Distance Sensor values to the screen in an infinite loop
while (true)
{
// Clear the screen and set the cursor to the top left corner on each loop
Brain.Screen.clearScreen();
Brain.Screen.setCursor(1, 1);
Brain.Screen.print("Found Object?: ");
Brain.Screen.print("%s", Distance2.isObjectDetected() ? "TRUE" : "FALSE");
Brain.Screen.newLine();
if (Distance2.isObjectDetected())
{
if (Distance2.objectSize() == sizeType::large)
{
Brain.Screen.print("Object: Large");
}
else if (Distance2.objectSize() == sizeType::medium)
{
Brain.Screen.print("Object: Medium");
}
else if (Distance2.objectSize() == sizeType::small)
{
Brain.Screen.print("Object: Small");
}
// Print object distance values in Inches
Brain.Screen.newLine();
Brain.Screen.print("Distance in Inches: ");
Brain.Screen.print("%.2f", Distance2.objectDistance(inches));
// Print object distance values in MM
Brain.Screen.newLine();
Brain.Screen.print("Distance in MM: ");
Brain.Screen.print("%.2f", Distance2.objectDistance(mm));
// Print object velocity values (in m/s)
Brain.Screen.newLine();
```

```
Brain.Screen.print("Object Velocity: ");
Brain.Screen.print("%.2f", Distance2.objectVelocity());
Brain.Screen.newLine();
}
else
  {
Brain.Screen.print("No Object Detected");
}
// A brief delay to allow text to be printed without distortion or tearing
wait(0.2, seconds);
}
}
```

8.4 V5光学传感器及其使用

8.4.1 光学传感器的介绍

V5光学传感器是集环境光学传感器、颜色传感器以及接近传感器于一体的综合性传感器设备。

颜色信息通过RGB(红色、绿色、蓝色)模式、色相与饱和度或灰度值进行呈现。在物体距离小于100毫米(mm)的范围内,颜色检测效果最为理想。

接近传感器则通过测量来自集成红外LED的反射红外(IR)能量来工作。因此,这些测量值将受到环境光照强度以及物体表面反射率的影响而发生变化。此外,光学传感器还配备了白色LED,以在光线不足的情况下辅助颜色检测过程。

1. 工作原理

V5光学传感器具备接收光能并将其转换为电信号的功能。传感器内部的电子设备(硬件状态机)负责将这些信号进一步转换为输出信号,供V5主控器作为输入接收。在物体距离小于100毫米或大约3.9英寸时,传感器的颜色检测效果最为理想。

此外,V5光学传感器还配备有接近传感器,用于测量反射的IR光强度。请注意,这一测量值会随着环境光和物体反射率的变化而发生变化。

为了实现更高级的功能,V5光学传感器需要与VEXcode V5或VEXcode Pro V5等编程语言进行配对。这样,用户可以为V5机器人主控器创建自定义程序,利用传感器的读数来控制机器人的行为。

当 V5 主控器与用户程序协同工作时,可以实现以下功能:

① 控制传感器的白色 LED 灯的开关状态。

② 调整白色 LED 灯的功率百分比。

③ 检测物体的存在。

④ 识别物体的颜色。

⑤ 测量环境光的亮度百分比。

⑥ 以度为单位测量颜色的色调。

通过充分利用这些功能,V5 光学传感器能够为机器人提供丰富的感知能力,从而在各种应用场景中发挥重要作用(图 8.8)。

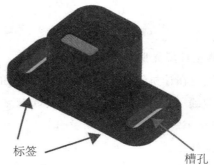

标签　　　　　　　槽孔

图 8.8　光学传感器

2. 光学传感器的常见用途

光学传感器具备生成多重测量值的能力,这些测量值可用于调整机器人的行为模式。此外,这些功能可与下列任一功能相结合,以实现更丰富的应用场景。

(1)物体检测功能

该功能使机器人能够在物体进入光学传感器的检测范围内时,准确识别并检测到物体的存在。

课堂实践　将具有不同反射率的物体,如黑色泡沫橡胶和光亮的铝箔球,放置在传感器前方,观察物体表面的反射特性是否会对检测结果产生影响。

(2)颜色识别功能

此功能赋予机器人识别物体颜色的能力。

课堂实践　从五金店购买一系列不同颜色的油漆样本,包括红色、绿色、蓝色、黄色、橙色、紫色和青色,用以测试颜色的深浅是否会对机器人颜色识别功能产生影响(图 8.9)。

图8.9　示意图(参见彩图)

（3）测定环境光照强度百分比

此功能旨在让机器人能够对其周边环境的光照强度进行量化测量。

课堂实践　利用此功能对比测量在教室灯光开启与关闭状态下,房间内光线的强弱。随后,请您编写一款定制化的用户程序,使机器人在灯光亮起时自动巡航一周,而在灯光熄灭时则保持静止。

（4）通过度量单位来测定颜色的色调

此功能旨在为机器人提供一种量化物体颜色色调的方式。光学传感器会根据下面的色轮报告相应的色调值,其度量单位为0～359°。相较于泛指的红色、绿色或蓝色等颜色名称,此方式提供了更为精确的颜色测量。

课堂实践　测量室内不同物体的色调,观察哪位学生能够找到色调值最高的物体（图8.10）。

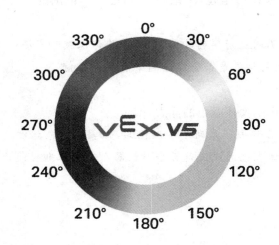

图8.10　色调值(参见彩图)

8.4.2　程序实践

光学传感器在赋予竞赛机器人卓越的竞争优势方面将发挥重要作用。通过精确设计自主程序,该传感器将具备检测物体及其颜色的卓越能力,从而提供丰富的信息支持。物体的存在与否以及颜色的细微差别,对于准确识别游戏棋子或目标至关重要,光学传感器将在这方面提供不可或缺的辅助。

当光学传感器在其有效范围内检测到物体时,会精确地报告该物体的亮度、色调以及颜色信息。

示例程序:

```
int main()
{
vexcodeInit();
while (true)
{
Brain.Screen.clearScreen();
Brain.Screen.setCursor(1, 1);
if (Optical2.isNearObject())
{
Brain.Screen.print("Object Detected");//输出检测到物体
Brain.Screen.newLine();
Brain.Screen.print("Brightness: ");//输出亮度
Brain.Screen.print("%.2f", Optical2.brightness());
Brain.Screen.newLine();
Brain.Screen.print("Hue: ");//输出色调
Brain.Screen.print("%.2f", Optical2.hue());
Brain.Screen.newLine();
Brain.Screen.print("Detects a red object?: ");
Brain.Screen.print("%s", Optical2.color() == red ? "TRUE" : "FALSE");
Brain.Screen.newLine();
Brain.Screen.print("Detects a green object?: ");
Brain.Screen.print("%s", Optical2.color() == green ? "TRUE" : "FALSE");
Brain.Screen.newLine();
Brain.Screen.print("Detects a blue object?: ");
Brain.Screen.print("%s", Optical2.color() == blue ? "TRUE" : "FALSE");
```

```
Brain.Screen.newLine();
}
 else
{
Brain.Screen.print("No Object Detected");
}
wait(0.2, seconds);
}
}
```

阶 段 测 试

1. 下列现象当中有陀螺效应的是(   )。

   A. 自行车运动过程中保持平衡

   B. 空竹高速转动在细绳上保持平衡

   C. 不倒翁保持平衡

2. 惯性传感器初始化程序在下列哪个语句环境中编写?(   )。

   A. void pre_auton(void){vexcodeInit( );}

   B. void autonmous(void){AutoPro( );}

   C. void usercontrol(void){while(1){wait(20,msec);}}

3. 距离传感器可以完成以下哪些功能?(   )。

   A. 在接触对象物体前得到必要的信息,为后续动作做准备

   B. 发现障碍物时,改变路径或者停止

   C. 得到对象物体表面形状的信息

第9章　认识气动设备

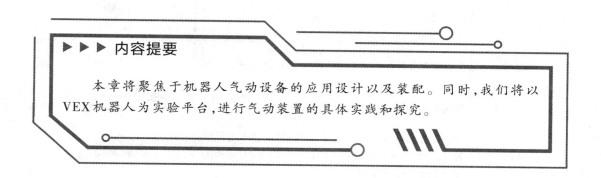

▶ ▶ ▶ 内容提要

本章将聚焦于机器人气动设备的应用设计以及装配。同时,我们将以VEX机器人为实验平台,进行气动装置的具体实践和探究。

9.1　认识气动设备

VEX气缸套装是一款适用于机器人教学或活动的先进设备。该套装具有出色的运动性能,气缸的运动速度高,且可在较大范围内进行调整,以满足不同应用场景的需求。此外,该套装还具备过载自动保护功能,可在设备过载时自动进行保护,确保设备的安全运行。同时,VEX气缸套装不受环境因素(如湿度、灰尘、磁场等)的影响,具有高度的稳定性。在安全方面,该套装的设计符合相关标准,确保用户在使用过程中的安全。在安装方面,套装提供了详细的安装指南,使得用户可以轻松完成安装。

VEX气缸套装的零部件见表9.1。

表9.1　气动套装零部件

名称/功能	描述	实物
换向阀驱动线缆	双向电磁阀驱动电缆将双向电磁阀连接到机器人的V5主控	
进气接头	需要将M5外螺纹连接到一根气管时,可以用此螺纹接头	

名称/功能	描　　述	实　　物
储气罐	储气罐是一种用于储存压缩空气的圆柱形容器	
止气开关	止气开关可用于打开和关闭气流	
调压阀	调压阀用于控制气缸移动的速度	
T型接头	T型接头可以在气动系统中将3根管道连接在一起	
双作用气缸	气动前进/后退	
换向阀	双向电磁阀由V5主控控制。可以对机器人进行编码,将空气引导到电磁阀上的两个出口之一,这些出口通常用于伸出或缩回气缸	
单作用气缸	气动前进/弹簧弹力后退	
换向阀	2位3通,5VDC驱动	
流量计	M5流量计外接直径4mm气管	
气管	将加压空气从一个部件移动到另一个部件	

图9.1所示是单作用气缸装配图。单作用气缸的优点是在空气从气缸中释放出来后,弹簧会迫使杆缩回,因此气缸在每次伸出和缩回循环中不会使用那么多的空气。

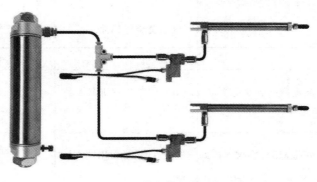

图9.1　单向气缸装配图

图9.2所示是双作用气缸装配图。双作用气缸的优点是当杆伸出时它不必克服单作用气缸内的弹簧力。此外,杆被气压推回(缩回),这意味着双作用气缸可以在两个方向上产生比单作用气缸更大的力。

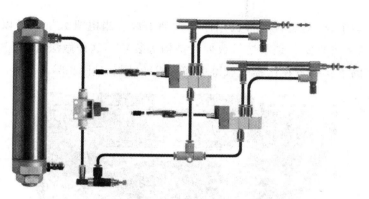

图9.2 双向气缸装配图

9.2 气缸套装的安装要点

(1) VEX气缸套装的所有组件必须稳固且安全地安装在主机或机器人上,特别是活动件气缸的安装尤为重要,必须确保其稳定性。

(2) 所有需要接入接头的气管接头,均不得出现塌陷或严重磨损。所有气管接头必须插入至接头的最底部,确保紧密连接。此外,需要检查确定金属接头上的透明塑料垫片牢固,无脱落现象,且在旋入阀或气缸时必须确保旋紧,以确保其密封性和安全性(图9.3)。

透明塑垫片料胶片

图9.3 气管接头

(3) 安装完成后的气管必须保持通畅,严禁受到任何形式的挤压,同时要避免发生扭曲现象。在转弯时,应当选择大弧度转弯,避免直角转弯。

(4) 换向阀驱动线缆上的3PIN插头应插入主控器的3PIN端口中。在编程过程中,必须确保设备端口与实际插入的端口保持一致。

9.3　气动装置的应用

在VEX竞赛中,气动装置通常被用作一种动力源。当电机数量不足以满足需求时,我们便会利用气动装置来安装锁紧结构或伸展结构等装置。这种做法可以有效地提升设备的性能和功能,有助于参赛者在比赛中取得更好的成绩(图9.4、图9.5)。

图9.4　气缸收回状态

图9.5　气缸伸出状态

第10章　"跃上巅峰"VEX机器人设计、制作与编程

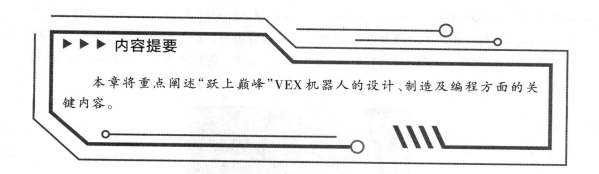

▶ ▶ ▶ **内容提要**

　　本章将重点阐述"跃上巅峰"VEX机器人的设计、制造及编程方面的关键内容。

10.1　"跃上巅峰"机器人结构设计与制作

　　VEX机器人工程挑战赛是一项引进的青少年国际机器人比赛项目。其活动对象为中小学生,要求参加比赛的代表队自行设计、制作机器人并进行编程。参赛的机器人既能自动程序控制,又能通过遥控器控制,并可以在特定的竞赛场地上,按照规则的要求进行比赛活动。在中国青少年机器人竞赛中设置VEX机器人工程挑战赛的目的是激发我国青少年对机器人技术的兴趣,为国际VEX机器人工程挑战赛选拔参赛队。

　　"跃上巅峰"是一项令人兴奋和充满活力的比赛。每场比赛包含两种不同类型控制方式——手控和自动控制。比赛的特点是两个参赛联队的机器人从赛场的两边出发进行比赛。参赛队通过完成各种任务(把可动得分桩放进得分区,构建不同类型的最高堆垛,或在比赛结束时停泊机器人)竞争得分。参加"跃上巅峰"比赛,参赛队要开发许多新技能来应对面临的各种挑战和障碍。有些问题需要个人来解决,还有些问题要通过与队友及指导教师的交流来处理。参赛队员要一起构建自己的机器人参加多次比赛。经过比赛,学生们不仅可以构建自己的比赛机器人,同时也会提升对科技的认识以及对利用科技来积极影响周围世界的认识。此外,他们还可提高自身素质,如研究、规划、集思广益、合作、团队精神、领导能力等。

　　合肥一中机器人队曾获得合肥市青少年机器人竞赛冠军、安徽省青少年机器人竞赛冠军、中国青少年机器人竞赛冠军。作为中国冠军代表中国参加世锦赛,获得世锦赛分区冠

军、总决赛亚军等诸多殊荣。

10.1.1 抓取装置

抓取装置使用超高速马达,采用一个马达带动吸盘和扎带的方式。二级摇臂采用两个超高速马达,马达转动带动铁齿,铁齿的传动带动抓头上下运转(图10.1)。后期对其结构进行了优化,在安徽省省赛中,我们采用低速马达直驱,改变了齿轮比,传动的速度变得很快。但是,和原来的设计相比稳定性变差,容易出现马达自保的问题。我们尝试采取多种方法解决这个问题,例如在程序中调整马达的转速,改变摇臂装置橡皮筋的拉法。这使得机器人摇臂效率更高。与原有的传动结构相比,摇臂的速度提升很多。对于抓取装置的结构,我们尝试了多种方式,如夹子夹取、薄片抓取、扎带抓取等。最终,我们采用了扎带抓取的方式,因为扎带的重量轻,抓取同样很顺利,权衡之下选择采用了此方式(图10.2)。

图10.1 设计图纸

图10.2 机器人抓取装置

如图10.3所示,我们设计制作了一个铲形结构。这个结构可以把得分底座抱起来。机器人可以带着底座前进,往底座上累加得分物黄帽,也可以把底座放置到得分区。

图10.3 机器人铲形底座结构

10.1.2 抬升装置

方案1 如图10.4、图10.5所示,抬升装置尝试使用叉式抬升。叉式抬升必须采用4马达抬升的方式,否则机器人抬升过程中力量不够。机器人制作完成后,我们发现机器人虽然抬升速度较快,但在比赛过程中,采用4马达底盘的方式(比赛规则规定机器人最多使用12个马达),在对抗过程(VEX机器人对抗性激烈)中容易出现底盘自保和底盘运行效率较低等缺点。

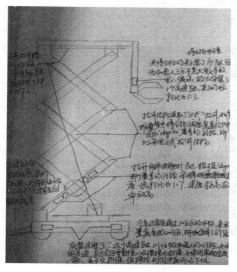

图10.4 机器人设计图纸   **图10.5 叉式抬升结构**

方案2 如图10.6、图10.7所示,尝试使用2个低速马达抬升,采用反向平行四边形结构的方式。在设计之初的实验过程中屡屡失败。抬升橡皮筋的拉法对于机器人抬升性能的影响非常大。在设计中对橡皮筋拉法进行了多次尝试和优化。最终,达到了令人满意的效果。

对于机器人抬升装置,除了抬升力量外,抬升的稳定性在机器人运行中非常重要。本赛季机器人抬升中,完成任务需要抬升的高度很高。抬升高度越高,受多重外在因素的影响,机器人越容易出现晃动的情况。为了避免机器人抬升装置晃动,在抬升处增加了宽的C形钢进行固定连接,增加抬升编码器用于传感器控制。在机器人抬升和下降的过程中,利用程序来纠正误差,同时增加触碰开关,当抬升装置降到最低点,机器人结构触碰到触碰传感器,机器人停止下降。通过程序设计和结构设计的优化改进,解决了机器人因为抬升高度高而出现晃动的情况。

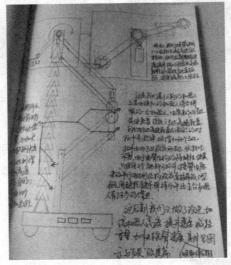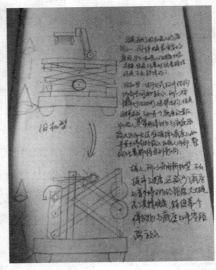

图10.6　机器人设计图纸

图10.7　反向平行四边形抬升结构

10.1.3　底盘设计

如图10.8所示,机器人底盘设计了6个马达。这样可以使得机器人在运行过程中具有较好的稳定性、对抗性和机动性。机器人底盘采用齿轮连带的方式,保证机器人底盘左右速度的同步性。同时在机器人底盘上安装编码器,便于调试程序时底盘走位更加精准。

图10.8 机器人底盘设计

10.2 "跃上巅峰"机器人自动程序的编写与选择

10.2.1 线路选择

之前设计机器人自动线路可以合理规避两个黄帽子挤车的问题,但是连续多个转向明显已经不适应高分自动对精准度的要求。因此,我们调整了自动线路,选择和大多数队伍一样的直冲方案(图10.9)。

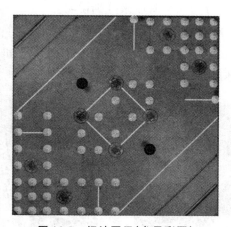

图10.9 场地图示(参见彩图)

两个黄帽子之间的距离不足15英寸。通过观察之前比赛多个队伍都采用了直冲自动的方式。从场地摆放的角度来说,我们不能避免出现一些误差,因此改用直冲自动方案。

在得分选择上,最主要的是外场车的得分选择上,之前为了保留一个底座得分,我们选择的是5分区方案,但是在实际比赛中,由于一些队伍选择放弃一个底座,直接在10分区得分,使得5分区的自动方案出现丢分,所以之后将外场自动改为10分区自动。

目前自动的线路,分解为四个部分:

第一部分,机器人直冲底座,取得底座后放置预装的黄帽子;

第二部分,机器人抓取面前的一个黄帽子(图10.10);

第三部分,后退到5分柱附件,后退撞墙,校准机器人位置;

第四部分,机器人将得分物放入得分区(20分区或者10分区)。

图10.10　机器人抓取面前的黄帽子

10.2.2　线路关键点

关于线路的关键点,下面分为四个阶段来分别说明。

1. 第一阶段:机器人直冲底座

机器人摆放:如图10.11所示,机器人后轮与启动杆接触。机器人侧面与沿着泡沫垫拼缝处的外侧线找齐。距离外侧线约一格C形钢宽度。

图10.11　机器人摆放

　　需要注意的是,机器人底盘一定要走直线。调试前需要对机器人进行测试。在实际操作中,难免会出现不能完全对齐的情况,机器人的偏转方向宁可偏向铁围板一侧,也不能偏向场地一侧。

2. 第二阶段:机器人抓取底座

　　整个抓取底座的程序封装在 Auto_void.h 里。前三部分参数的调试和修改都在"Get_Goal"子程序中进行。下面把每一部分进行分解解释。

```
void Get_Goal()
{
Intake(120);//吸取得分物,避免预装掉落。
DownAuto(100);//机器人执行下压动作,碰到触碰传感器为止。
Intake(30);//吸得分,吸住预装。
SensorValue[Encode_Updown]=0;//下压后,编码器归零。
//////////run to moblie goal & get it//////之后就是机器人向前的动作。
Lift(-120);//底座马达开始下压,这个全速下压动作要到接近底座位置才停止。
UpAuto(50,500);//底座抬升释放时会碰到升降臂,所以先把升降抬高一点。这里用编
码器来控制的抬高高度。
wait1Msec(200);//结合下面的一行,我们在前进中释放底座(下一行的前进动作大约需
要1.2秒)。
Runencode(127,1200);//机器人前进到底座前的位置。
Lift(-20);//机器人在底座到位后,给底座微微下压的力量。
Runencode(100,50);//抓住底座后,向前推一点,确保底座进入机器人。
Run(20);//机器人停一段时间,之后抬底座。在这个过程里,为了避免底座滑落,给机器
人一个微微向前的力量锁住底盘。这个速度到抬完底座后归零。
LiftAuto(120,1500);//这是抬底座的时间。这个时间有长有短,可以用遥控实际测一
下,然后给一点余量,保证底座被压住。如果机器人1.5秒时间,都不能压住底座,就要注意
调整橡皮筋力度。
Lift(30);//底座抬升后,机器人底座铲形结构微微下压。
Run(0);//底盘速度归零,到此抬底座的动作全部做完。
```

　　其中的干扰因素主要不在于程序,而在于机器人的底盘结构和机器人摆位。

　　造成抓不到底座的原因主要有可能来自以下几个方面:

　　(1)机器人摆歪了或者机器人底盘不走直线。这是最常见的原因。这会导致机器人冲到底座时,入口不正。

　　(2)场地的影响。底盘碰到黄帽子导致机器人入口角度不对。这个问题应当通过调整

底盘结构解决。

（3）抬升座有问题、贴地度不对、张口大小不对、抬起后压不紧等问题都会导致抓不到底座。

DownAuto(500);//这是一个降到底的下压动作。抬完底座后的机器人抬升臂处于微微抬起的状态。机器人抬升臂放到底，准备完成后面放置预装的动作。需要注意的是Down-Auto模块在跳出后，抬升马达 updown 是以－30的锁定速度跳出的。

Intake(－127);//开启吸黄帽子马达，机器人释放预装。

wait1Msec(200);//这个等待时间就是放预装的时间。这个时间可以比较短。到这个时间结束时，吸取马达仍然保持着释放黄帽子的状态。

UpAuto(50,500);//使用编码器，让机器人微微上抬。在抬升过程里，仍在释放黄帽子，这个和我们手动操作时的逻辑是一致的。

}

如图10.12所示，程序执行到此位置，自动程序中最重要的一个环节结束。机器人已经是1个底座加1个黄帽子的得分状态。如果这个环节全部成功，就意味着自动程序成功一大半。

图10.12　机器人获取1个底座和1个黄帽子状态

此时，机器人会微微向场地围板方向有所倾斜。只要机器人不是倾斜过多，都可以完成后续的动作。接下来机器人再次抓取场地里的黄帽子。

在开始抓黄帽子之前，我们再确认一下机器人的位置。这时，机器人抬升微微抬起。机器人身上带着底座，方向微微向围板一侧倾斜，在前后距离上会有略微差别（根据电池电量的不同）。机器人主要会有两种状态：一种是机器人抓底座的前冲动作惯性比较大。底座碰到前面一个黄帽子。这时候黄帽子会被微微前顶，距离机器人有一定距离。另一种是黄帽子的位置没有移动。后面的程序设计就需要考虑消除这个不可避免的误差。

3. 第三阶段:机器人吸取场地黄帽子

void Get_First_Cone( )

{

Intake(100);//吸取马达打开,进入吸取状态。这个吸取的状态在之后会持续一段时间。

ArmAuto(-120,600);//机器人前方的小摇臂下压。这个下压的时间一般根据橡皮筋的力度,设置在500~800毫秒之间,如果超过这个时间就说明橡皮筋力度或者小摇臂的安装有问题。

Arm(-30);//摇臂下压后,要给持续的下压的力量。在后面的动作里,由于会触碰到黄帽子顶端,这个下压力能保证小摇臂始终处于降到底的状态。

DownAuto(300);//这时机器人摇臂降到了底部,但抬升结构还在没有下降到底部。机器人下降接触到黄帽子。需要注意的是,这个下压保护时间不能写得太长(500毫秒以内)。因为机器人下降碰到帽子,可能会导致抬升结构碰不到触碰开关。

Turn_2_Auto(-80,50);//这行程序和下面一行程序是对机器人的方向进行微微修正。Turn_2_Auto 这个模块是底盘单边轮子旋转。在这里是远离围板一侧的底盘马达,后退少许来修正方向。这是为了避免在一些特殊情况下,机器人被围板边的黄帽子卡住。

RunAuto(-80,50);//机器人修正完方向后,执行一个极小的后退动作。这个后退动作主要有两个作用:一是吸黄帽子的齿轮有时候会卡住黄帽子,微微后退就可以避免吸取黄帽子结构卡死;二是底盘不会被边上贴边的黄帽子卡死。

wait1Msec(200);//机器人在完成了上面动作后,等待一段时间,让吸取装置吸一会。这个时间越长,吸到第二个的可能性越大。这个时间一般不超过500毫秒。如果每次都能稳定吸到黄帽子,就可以把时间做短,节约整个自动的时间。

Intake(30);//这是机器人吸取装置锁定的力量。

}

这些动作完成后,机器人就要准备后退了。但是,机器人经历了这么多动作后,很难完全做到位置准确。我们在之后退回得分区的过程里,就要想办法校准机器人,来消除累计产生的误差。

之后后退动作难度不大,主要是遵循消除前面产生误差的设计思路。机器人的误差来自于两个方面:一是前后位置的误差,二是左右偏转的误差。

以上是吸场地黄帽子的部分。我们再确认一下机器人的状态。如图10.13所示,机器人应该是吸取装置上有一个黄帽子,铲形结构上带着一个底座和一个已经堆叠的黄帽子。机器人小摇臂处于降到底的状态。机器人抬升装置降到了底部。在后退的过程里,还需要完成摇臂上抬动作和放置第二个帽子的动作。

图 10.13 　机器人得分状态

4. 第四阶段：机器人修正在场地位置

void Back_Turn( )

{

Arm(100);//机器人在后退过程中，先打开小摇臂的马达上抬。这个速度没有给120以上，而是给了100。原因是机器人之后运行的时间比较充裕，可以完成放置动作。速度慢，可以避免马达热保护。

Runencode(−127,1150);//机器人进行后退，这个后退的距离在1100～1200之间。机器人回到启动区，接近5分杆的位置。在后退的过程中，ARM马达一直是在上抬的，所以这个动作完成后，小摇臂已经回到了底座上方的位置。

Arm(30);//小摇臂向上锁定。

Intake(−127);//机器人打开吸取头释放得分物。这个释放的时间也很充裕，与接下来的转弯动作同步完成。

TurnDegree(90,1500);//机器人旋转90°，底盘尾部正对铁围板，这个动作就是消除前面累计误差的动作。通过一次撞围板，让机器人重新回到一个可控制的位置。由于这个空间相对比较大，无论是在前后距离还是左右偏转上有一些小的误差都可以进行修正（图10.14）。

Intake(−30);//机器人释放黄帽子结束，吸球头保持向外吐的锁定力。

RunencodeFast(−127,100);//机器人尾部距离铁围板还有一定距离。用编码器执行微微后退动作。此时，机器人基本靠近铁围板。

RunAuto(−100,100);//机器人底盘向后微微顶一顶铁围栏。

RunAuto(−80,200);//程序上再给一个短暂的小力量让机器人后退，保证机器人顶住铁围板。

}

图10.14　机器人微微靠围板修正方向

　　程序到执行到这里,不管是外场10分自动还是内场20分自动都是一致的。因此,我们进行了子程序的封装。

　　因此,在 Auto 的自动里,只要调用 Get_Goal()、Get_First_Cone()、Back_Turn()这三个子程序就可以了。

5. 第五阶段:机器人执行10分自动程序

　　wait1Msec(0);//在比赛过程中,由于联队的20分自动要先进入得分区,所以机器人需要等待一段时间。机器人完成10分区的后续动作大约需要3.5秒,这个等待的时间不能超过2秒(图10.15)。

　　Runencode(127,300);//机器人顶住铁围板后,使用编码器向前走。这个数值为200~300。机器人走得越少,10分底座越靠边。机器人走得越多,越靠中间部分。但是走得越多,越容易干扰队友的自动程序。

　　TurnDegree(150,2500);//机器人转向面向得分杆。这个设置角度不宜过大。若机器人转少了,我们在后面可以修正。若机器人转多了,就可能因为太贴近场地边缘而导致得分座没有进入10分区。

　　Runencode(100,300);//机器人完成转向动作以后,机器人距离得分杆还有一定距离。机器人用编码器前进靠近得分杆,这个数值在200~300之间。

　　Lift(-120);//底座抬升马达开始下降。

　　UpDown(100);//机器人升降马达工作。机器人开始抬升。这避免升降臂卡到底座。这个升降设置不能太多,否则会导致机器人上升得太高而重心不稳。

　　RunAuto(100,200);//这时升降臂和底座抬升马达都在同步动作。机器人同时向前进200毫秒,抵住5分杆。

　　UpDown(-10);//机器人升降臂在此过程中已经抬了200毫秒,足够底座通过,不宜再升高。这时,升降臂微微下压锁住位置。

Turn_2_Auto(80,200);//机器人贴住了得分柱。由于前面的转向不一定完全准确,所以用一个单边的底盘力量在此修正,保证两侧轮子都贴住杆子。

RunAuto(80,200);//再给机器人一个微小的前进动作。机器人顶一顶面前的杆子。

Run(−10);//程序执行到这里,底座抬升马达一直在向下放。放置的过程中,如果顶到场地边角,会导致无法放下底座。所以,给底盘设置一个微小的后退力,这样如果底座顶到场地,机器人会在底座马达的前顶力下,微微后退,保证底座能够释放到位。

LiftAuto(−120,600);//通过前面的动作,机器人已经全部到位,底座继续下放600毫秒左右,到达场地面。

Lift(−30);//底座到达地面后,底座抬升马达下压,保证底座顺利放置。

RunAuto(100,200);//底座释放后,机器人前冲一下,之后再后退。这样可以提高放置底座的成功率。

RunAuto(−127,800);//机器人放置完成,执行后退指令。

图 10.15　机器人执行 10 分自动程序

6. 第六阶段:机器人执行 20 分自动程序

Runencode(120,100);//和10分区自动程序一样,机器人顶住铁围板后,用编码器向前走,但是这里走的比10分区少一些。因为20分区自动向前的距离较长,会靠近固定得分柱,机器人之后还有一个转弯动作。

TurnDegree(60,1000);//机器人转向50°～60°,使得机器人与得分杆平行。

Runencode(127,600);//使用编码器让机器人前进600～700的距离。机器人接近得分区中间位置。这个距离宜短不宜长,走多了容易自动和队友产生干扰。

TurnDegree(90,1500);//机器人转向90°,正对得分柱。

UpDown(100);//和10分自动一样,机器人开始抬升一些。

RunAuto(120,200);//机器人前进到贴近5分柱。

UpDown(-10);////升降臂在此过程中已经抬了 200 毫秒,足够底座通过,不宜再升高。机器人利用微微下压力,锁住位置。

Lift(-127);//机器人贴近了 5 分柱,开始释放底座。

RunAuto(127,600);//机器人底盘前冲。这个前冲的时间一般 500 毫秒就可以越过得分杆,但是因为越障动作不确定因素较大,所以整个越障动作给到 1 秒的前冲时间。在越障过程里,马达有大量空转,编码器是走不准的,所以都是用时间来控制。

Lift(-30);//机器人向前冲的过程中,释放底座。和 10 分的释放方式不同,20 分的底座不能放到底,要悬停在半空利用惯性把底座冲进 20 分区,所以底座释放时间在 600 毫秒左右。机器人完成以后,停止下降,给一个下压力即可,之后继续做前冲动作。

RunAuto(100,400);//机器人继续前进。

wait1Msec(200);//此时,机器人已经撞上了 10 分柱子,底座滑出,稍作等待。

//////////////////back///////////////////

RunAuto(-127,800);//机器人快速后退,抽出底座。机器人退出 5 分杆位置。

TurnDegree(100,2000);//机器人转向,迅速离开,给 10 分区的队友腾出位置。

RunAuto(127,500);//机器人转向后前进一点,避免干扰队友。

在这套自动程序里,最大的问题是机器人碰撞和过多动作产生的累计误差。由于场地里有白线,实际上是可以通过巡线或者超声波传感器来校准的。但是,我们在比赛中尽量不采用这种方式,主要是因为传感器会增加很多不确定因素。而在这种情况下,消除累计误差主要依靠的就是场地要素本身。分杆和场地围板是设计中选取的消除误差点,是固定的。程序并不是固定的,需要根据实际情况进行调整。

第11章　赛事实战指南

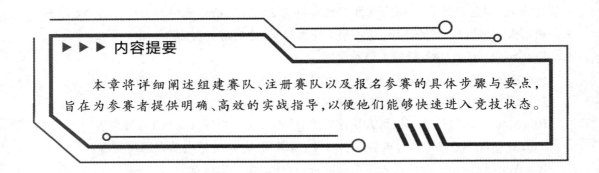

▶ ▶ ▶ 内容提要

　　本章将详细阐述组建赛队、注册赛队以及报名参赛的具体步骤与要点，旨在为参赛者提供明确、高效的实战指导，以便他们能够快速进入竞技状态。

11.1　赛队组建与赛队注册

11.1.1　赛队组建

在构建一支赛队时，确保各个职责有明确的负责人是至关重要的。这些职责包括但不限于：

指挥员：他们是团队的核心，负责战略规划和战术布置，以确保团队在比赛中的有效协作和出色表现。

操控手：操控手在比赛中扮演着至关重要的角色，他们负责手动控制机器人，确保机器人在关键时刻能够做出正确的反应和操作。

程序员：程序员是团队的技术支柱，他们负责编写和维护机器人的程序代码，以确保机器人的功能得以完美实现。

维修员：维修员负责机器人的日常维护和故障修复，他们的工作对于保持机器人的良好状态至关重要。

联络员：联络员负责收集和分析各种比赛相关信息，确保团队在比赛中始终保持敏锐的洞察力和应对能力。

需要注意的是，赛队的具体人数可能会因比赛通知的要求而有所不同。因此，在组建赛队时，务必参考并遵守相关的比赛通知要求，以确保团队能够顺利参赛并取得优异的成绩。

以下是关于赛队成员构成及职责分配的相关明确规定,以供参考:

> 　　所有参赛队伍必须严格遵守赛事组委会发布的比赛报名规则及相关准则,即每支参赛队伍有且只有 2 名教练,最多 10 名参赛选手。合计每支队伍到达比赛现场时包含教练员在内人数不得超过 12 人。人数不符合要求的队伍需要进行人员调整,拒不调整的队伍将被取消参赛资格。

11.1.2　赛队注册

(1) 如图 11.1 所示,访问 www.RobotEvents.com 并进行账户注册。随后,请点击页面上的"登录"选项,这将引导您至登录或注册新账户的页面。若您尚未拥有账户,可根据自身需求,点击"注册"选项进行新账户的注册。

图 11.1　界面示意图

(2) 如图 11.2 所示,请从所给选项中选取适当的组别,并确定您希望注册的平台,即针对小学生的 VEX IQ、初中生的 VEX IQ 或 VRC 初中,以及高中生的 VRC 高中。

(3) 用户在注册界面进行赛队信息的注册与管理。请点击"注册一支赛队(Register a Team)"按钮进行赛队注册操作。

(4) 用户应当根据自己的参赛需求,慎重选择对应的 VEX 组别。组别涵盖 VRC 高中/初中和 VEX IQ 小学/初中。一旦确定组别,用户需点击"Next"按钮以继续操作。

(5) 详细填写"单位信息(Organization Information)"和"赛队人员信息(Demographic Information)"两个板块。若您的赛队参与"其他竞赛(Other Programs)",请务必在相应位置作出选择,这将有助于为您提供更精确的信息。随后,请继续下拉页面进行后续操作。

图 11.2　界面示意图

（6）赛队信息填写页面中，请您务必填写所有标记为必填的项目，确保信息的完整性。同时，如果您需要添加另一支赛队，也可以随时进行此操作。在填写完毕后，请点击"注册（Register）"按钮完成注册流程。需要特别注意的是，请您务必填写一个非固定电话的联系方式，以确保在比赛当天出现任何问题时，赛事伙伴能够及时联系到您，保证比赛的顺利进行。

（7）准确无误地填写账单信息。请确保所有必填项均已完成，随后请点击"Continue Checkout"以继续后续操作。

（8）详尽填写邮寄详情。请确保所有必填项均已完整填写，随后请点击"Continue Checkout"以继续后续操作。

（9）订单已顺利完成。

11.2　比赛报名与比赛流程

11.2.1　比赛报名

1. 比赛信息获取渠道

① 机器人赛事网站：https://www.robotevents.com/zh-CN。

② VEX 机器人中文论坛：https://vexforum.cn/。

③ 亚洲机器人联盟：http://vex.bds-tech.com/Index.aspx。

2. 比赛报名

如图 11.3 所示，根据比赛通知文件要求报名方式报名。

图 11.3 比赛通知

11.2.2 比赛流程

（1）如图 11.4 所示,严格依据比赛日程安排,制定合理的比赛行程。

日程表

星期五 2022 年 8 月 12 日	
14:00 – 19:00	场地搭建、注册报道、机器人检录
20:00	闭馆
星期六 2022 年 8 月 13 日	
8:00	开馆
8:30 – 12:00	开放练习场地,练习赛
9:30 – 10:30	开幕式
10:30 – 11:30	参赛选手会议
12:00 – 13:00	午餐
13:00 – 19:00	VEX VRC、VEX IQ 资格赛,技能赛;VEX GO 练习赛
19:00 – 20:00	场地整理、闭馆
星期日 2022 年 8 月 14 日	
8:00	开馆
8:30 – 12:00	VEX VRC 、VEX IQ 资格赛,技能赛 & VEX GO 资格赛
12:00 – 13:00	午餐
13:00 – 18:00	VEX VRC 资格赛、技能赛 & VEX GO 决赛
18:00 – 19:00	VEX VRC 联队选择
13:00 – 19:00	VEX IQ 资格赛,技能赛
19:00 – 20:00	场地整理、闭馆
星期一 2022 年 8 月 15 日	
8:00	开馆
8:30 – 11:30	VEX VRC 淘汰赛、决赛
8:30 – 10:30	VEX IQ 资格赛、技能赛
11:00 – 12:30	VEX IQ 决赛
12:30 – 13:30	午餐
13:30 – 14:30	闭幕式颁奖
14:30 – 20:00	撤场、闭馆

图 11.4 比赛日程

① 日程的起止日期；

② 交通工具的选择；

③ 酒店的选择；

④ 行程费用的核算；

⑤ 预订车票、酒店；

⑥ 出发集合时间、地点；

⑦ 返程的接站时间、地点；

⑧ 携带物品清单；

⑨ 赛事期间的具体安排计划；

⑩ 赛后总结提交、赛场照片视频的汇总。

2. VRC机器人竞赛赛制

（1）锦标赛赛制设置两个主要阶段，即资格赛和淘汰赛。每场比赛的时长为120秒，其中前15秒为自动对抗环节，随后105秒则为手动遥控对抗环节。

锦标赛中，参赛赛队先根据随机对阵表进行资格赛，资格赛中根据WP（第一排序分）、AP（第二排序分）、SP（第三排序分）三个积分项累计分值进行排序后，再根据比赛要求进行联队选配。

在锦标赛中，各参赛队伍需依据预先制定的随机对阵表展开资格赛。资格赛阶段，将依据WP、AP和SP三项积分指标的总和进行排名。随后，按照比赛的相关规定，对参赛队伍进行合理的配对组合。

联队选配具体要求：

联队选配一为淘汰赛选择固定联队伙伴的过程。联队选配按如下流程进行：

◇资格赛结束后排名最高的赛队为第一个联队队长。

◇联队队长邀请另一支赛队加入他们的联队。

◇受邀请的赛队代表可以接受或拒绝邀请。

◇资格赛结束后排名第二的赛队为第二个联队队长。

◇其他联队队长继续挑选联队，以此类推，直到所有联队选配完成，进入淘汰赛。

（2）完成联队选配后，需按既定方式进行淘汰赛。本次淘汰赛涉及十六支和八支联队（图11.5、图11.6）。具体的淘汰赛制度将由赛事主办方另行通知。主办方通常会根据赛程安排、参赛队伍数量等因素来确定淘汰赛的具体形式。

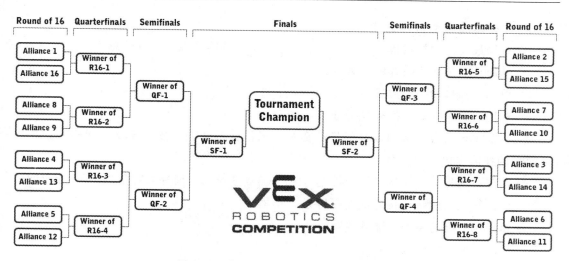

图 11.5 十六强淘汰赛对阵表(参见彩图)

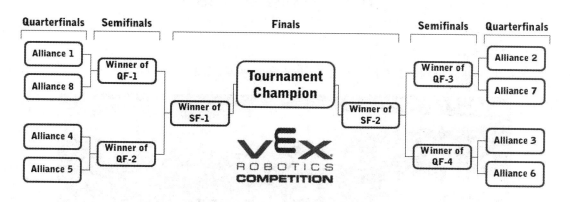

图 11.6 八强淘汰赛对阵表(参见彩图)

11.3 技能挑战赛

1. 技能挑战赛介绍

技能挑战赛分为手动与自动两类,每类比赛时间均设定为60秒。机器人技能挑战赛是一项可选赛事。赛队不会由于未参加此项目而影响赛事中的其他项目。赛队参赛按照"先来先赛"的原则或按照赛事主办方预先确定的日程进行。赛队将获得3次自动技能挑战赛和3次手控技能挑战赛的机会。为避免错过机会,赛队应了解机器人技能赛场地开放的时间。例如,如果赛队在技能挑战赛场地关闭前5分钟才到场,则没有利用好给予他们的机会,无法完成所有6次比赛。

2. 技能挑战赛的排序方式

① 单局最高自动技能挑战赛得分和单局最高手控技能挑战赛得分的总和。

② 单局自动技能挑战赛的最高得分。

③ 单局次高自动技能挑战赛得分。

④ 单局次高手控技能挑战赛得分。

⑤ 赛队单局得分最高自动技能挑战赛及单局得分最高手控技能挑战赛(即第1点涉及的赛局)的技能赛停止时间总和。

⑥ 赛队单局得分最高自动技能挑战赛(即第2点涉及的赛局)的最高技能赛停止时间。

⑦ 单局第三高的自动技能挑战赛得分。

⑧ 单局第三高的手控技能挑战赛得分。

11.4 赛场参赛攻略

1. 报到注册

向赛事主办方报到,说明本队伍已到,并能按时参赛(图11.7)。

图11.7 报到注册

2. 检录

经过核验,本机器人之体积及尺寸已完全符合既定之规范与要求;其所采用的组件亦均满足既定之标准与规定;同时,本机器人之程序亦经过严格查验,确认其已采用竞赛模式编程,并具备自动与手动两种操作模式(图11.8)。经过上述核验无误后,已在本机器人上粘贴"合格"/"PASS"标签。

图 11.8 比赛检录

3. 赛队展示

根据图示,找到赛队准备区,并对其进行适当的装饰(图 11.9)。

图 11.9 准备区布置

如图 11.10 所示,将赛队的详细介绍、机器人的独特优势以及工程笔记等关键信息整合设计成一幅海报,以便在评审环节进行直观展示。同时,准备好回答专家评审团可能提出的各种问题,确保能够全面、准确地传达赛队的核心价值和实力。

图 11.10 评审环节

4. 分析对阵表

对阵表如图11.11所示。

Qualification				
Q 19 03:30	4610Z 211Z	0	0	1460K 7884A
Q 39 04:35	7884A 333X	0	0	8086X 8283A
Q 51 05:14	7884A 4142B	0	0	2S 9280A
Q 84 22:09	84025A 5686A	0	0	37830F 7884A
Q 117 23:54	7110A 4777D	0	0	7884A 8059B
Q 128 01:28	7884A 3526A	0	0	2918F 53437A
Q 151 02:41	2382A 7884A	0	0	35A 98807C
Q 188 04:38	1114Y 1309A	0	0	7884A 317X
Q 212 22:00	86868 7884A	0	0	4305A 6008D
Q 232 23:02	98472B 6106A	0	0	7884A 9784C

图11.11　7884队伍小组赛对阵表

查找自己的比赛场次,将信息记录在表11.1中。

表11.1　比赛场次

场次	比赛时间	候场时间	赛台	红　　方		蓝　　方	
Q12	10:15	10:00	2号	4545A	7617B	7645A	1666A

分析对阵表,寻找自己队友,沟通战术(表11.2、图11.12)。

表11.2　对阵表

场次	比赛时间	候场时间	赛台	红　　方		蓝　　方		战术策略
Q12	10:15	10:00	2号	4545A	7617B	7645A	1666A	自动策略 手动策略

图11.12　战术沟通

密切关注自身关键比赛场次,深入剖析对手的竞赛表现,以期在赛前提炼出他们自动化的效率和手工操作的战术特点。

11.5　实时赛况分析与预测

(1) 观看赛场赛队实时排名,重点观察排名靠前的队伍,预测其未完成场次的胜负和最终排名。

(2) 观看赛场赛队实时排名,结合赛队未完成比赛的场次情况,预计赛队的最终排名。

(3) 结合以上预测的排名情况,寻求联队队友。

① 如本赛队的排名在"种子队伍"之后,去和前面"种子队伍"进行交谈,从排名低的开始谈,摸清对方的联队意向。

② 如本赛队的排名在"种子队伍"中间,去和前面"种子队伍"进行交谈,从排名高的开始谈,摸清对方的联队意向。

11.6　程　序　测　试

资格赛排名前 16 的赛队,技能挑战赛排名前 3 的赛队,及其他随机抽取的赛队,参加编程测试。参加编程测试的赛队必须通过测试,才有机会晋级更高级别的 VEX 官方赛事。

被要求参加测试的赛队如果没有按时参加测试,视作测试未通过,不得晋级更高级别的 VEX 官方赛事。测试将于资格赛结束后,联队选配开始前,在指定的时间和地点进行。

参加测试的赛队代表,务必携带本队电脑,数据线等器材(参考《VEX 2020－2021 赛季附加测试大纲》测试说明要求),准时到达指定区域,试题将于测试开始前公布。

测试平台:VEX VRC 机器人(赛事组委会提供指定机器人:V5 机器人和 Cortex 机器人,赛队使用与本赛队参赛机器人相同平台机器人进行编程测试,测试相关元件包含 V5 主控器、V5 智能电机,或 Cortex 主控器、393 电机)。

测试目标:学生自主编程,在指定机器人上按测试题要求运行自动程序。

测试说明:请赛队自行准备笔记本电脑及电源适配器,编程电缆,固件升级和编程软件等;赛队需自行完成固件升级等操作;赛队需自行编写、调试、下载及运行程序(注意:测试过程中只能使用 USB 电缆直连主控下载程序,不允许使用竞赛开关,橙色编程电缆,遥控器);赛队可重复在指定机器人上调试运行,直到演示成功或时间结束(多支赛队会分配同一台固定编号的机器人,赛队需轮流调试或演示)。

11.7 联 队 选 择

（1）如图11.13所示，根据资格赛成绩，确认自己队伍与其他队伍排名情况。

Rank	OPR	DPR	CCWM

7884A HF NO.1 HS A
Rank: 1   WP: 20   AP: 36   SP: 137
10-0-0   OPR: 0.0   DPR: 0.0   CCWM: 0.0

40B Big Meaty Claw
Rank: 2   WP: 20   AP: 28   SP: 163
10-0-0   OPR: 0.0   DPR: 0.0   CCWM: 0.0

86868 THE RESISTANCE
Rank: 3   WP: 18   AP: 36   SP: 134
9-1-0   OPR: 0.0   DPR: 0.0   CCWM: 0.0

666X SRobotX
Rank: 4   WP: 18   AP: 32   SP: 143
9-1-0   OPR: 0.0   DPR: 0.0   CCWM: 0.0

9090C T-VEX 9090C
Rank: 5   WP: 16   AP: 36   SP: 179
8-2-0   OPR: 0.0   DPR: 0.0   CCWM: 0.0

9932F Hawks
Rank: 6   WP: 16   AP: 36   SP: 140
8-2-0   OPR: 0.0   DPR: 0.0   CCWM: 0.0

Teams   Schedule   Results   Rankings   Skills

图 11.13　资格赛排名

（2）作为种子队伍的选择。

在挑选合适的参赛队伍时，需要充分收集并分析赛队和赛况信息，以确保所选择的队伍能够匹配自身的机器类型和战术策略。

（3）作为被选择的队伍。

根据当前的排名情况，积极与排名靠前的种子队伍进行沟通，推介自身的赛队优势，并深入剖析比赛失利的原因，总结自身的优势和互补能力，以期在比赛中发挥更好的作用（图11.14）。

图 11.14　联队选择结果

（4）总结与分析。

① 在机器人比赛中,团队合作是取得成功的核心要素。每个团队成员都扮演着独特的角色,承担着特定的职责。只有团队成员之间紧密协作,才能发挥出最大的团队效能,从而取得最佳成绩。因此,我们必须在比赛前的训练阶段,加强团队成员之间的沟通与协调,确保每位成员都明确自己的职责和任务,为比赛的顺利进行奠定坚实基础。

② 训练强度的掌控。优异的成绩往往源于高强度的训练,而如何有效利用时间则是一门深奥的学问。为了在有限的训练时段内提升团队的竞技能力,我们必须根据各队伍的具体特点和实力水平,制定出科学合理的训练计划。此外,与高水平队伍的切磋交流也是提升竞技水平的重要途径,通过学习和借鉴他们的优点,我们可以不断完善自身的训练体系。在训练过程中,必须确保每次训练都达到规定的场次要求,并对每场比赛的得分和胜负情况进行详细记录。同时,我们还需要对各队伍进行等级划分,以便更好地评估他们的实力和进步情况。

③ 对细节的关注和持续改进至关重要。在机器人竞赛中,任何细微之处都可能对最终结果产生深远影响。因此,我们必须致力于在训练过程中不断完善和优化,从机器人的设计、编程到调试,每一个环节都需精益求精,以确保机器人在比赛中能够展现出卓越的性能。

④ 解决问题的能力同样不可或缺。在机器人比赛的训练过程中,我们必然会面临各种问题和挑战。这就要求我们能够迅速识别问题并采取有效措施加以解决,以提高训练效率。此外,建立高效的内部沟通机制,如通过微信或 QQ 群等即时通信工具,有助于我们快速分享信息、协调训练时间,从而加速问题的解决。

⑤ 注重训练效率。在训练准备上,提前做好机器的维护与检修工作,降低因机器故障导致训练停滞,提前为电池与遥控器等设备充满电,保证好后勤工作。赛队指导老师会在训练前需维护比赛场地,对场地有损坏的地方及时维修更换,提前测试场控等软硬件设备,为

训练的正常进行保驾护航。

⑥ 纠纷及时制止。在机器人比赛的激烈竞技中，队员之间的争执与吵闹是难以完全避免的。为确保赛场秩序与纪律，指导老师将负责管理并合理安排各队伍的训练时间，提前制定并分发训练时间安排与对阵表。一旦出现争执或纠纷，指导老师将迅速介入进行制止，及时与问题严重的同学的家长取得联系，共同解决。

⑦ 持续学习与创新。鉴于机器人技术的快速发展，为了保持竞争优势，持续的学习与创新至关重要。在训练过程中，我们将密切关注每场练习赛，针对训练中出现的各类问题，进行合理且有效的调整，从而不断提升赛队的整体水平。

附录　机器人小创客的故事

1.　机器人用什么打动你

——合肥市第一中学学生蔡思捷

编者按：蔡思捷同学获得第十六届中国青少年机器人竞赛金牌（季军），高考成绩全省第七名（706分）。蔡思捷同学学业成绩优异，是科技活动的核心骨干并成绩斐然。高考揭榜时，收到蔡思捷同学的喜讯，由衷地替他感到高兴，终于可以圆梦了。人缘极好的蔡思捷，时常成为"被开玩笑"的对象，然后露出腼腆的微笑。训练强度不小，但是，蔡思捷同学总是来得早，走得迟，极其认真和专注，交给他事情总是"心里坦坦"的。还记得在凌晨2点夜深人静的中国科学院大学校园，我们还在争论方案，优化方案，在做最后的努力，已经不知道持续了多少个小时；还记得高二作为学长的蔡思捷负责招新和培训新队员，后期繁忙之余还带着学弟、学妹一起备战和参加市赛、省赛；还记得比赛意外失利后，"掩饰"难过、安慰同学之余，晚上意外收到他的信息"老师，别难过……"的那份感动，他是典型的"小暖男"……"学霸"很多，如合肥市第一中学（以下简称"合肥一中"）的"学霸"们，蔡思捷只是代表之一，我想和合肥一中沃土有很大的关系。现撷取蔡思捷同学的短文，来分享一下他与"合一机器人"的故事……

是机器人更是文化

要说我与机器人的缘起，那是从初中开始的——相信你听说过我们合肥一中的许多队员都是如此，甚至更早，但是这并不意味着成为我们的一员需要怎样的履历或是经验。要是让我出一道入队的面试题，我可能仅仅会问："你玩儿过积木吗？打过电脑吗？……"没错，我当初会去玩机器人，只是觉得这个看起来很厉害的玩意儿可能把我感兴趣的拼装和游戏放到一起了，根本没有考虑什么坚持、发展之类的问题。

就像当我们去看、去了解别人的时候，总是先外貌，相处久了才能看出性格一样，随着跑向机器人室的次数越来越多，我感觉触摸到的东西渐渐超过了机器人本身——并且还挺喜欢这种感觉。相信我的队友们也是这么觉得的，或许就是这早一些获得的感悟让我们在高中能继续这个有趣的活动。与其说我们坚持了下来，倒不如说是机器人打动了我们。

回想高一开学被朋友们"忽悠"转去VEX，又变成了一只"萌新"，各种规则、经验从头学起。但是我身边的人都很有耐心,要是遇到问题急躁了拿着机器满场子跑,队长就会说:"你对机器悠着点,要是把它搞不开心了就更不配合你了。"大家更喜欢拿问题开玩笑,而不是把它们变成负担,大家的互帮互助,让我即使是在几乎绝望的时候也能记得:我不是一个人在战斗。

随着我的学习、成长,我们也迎来了市、省、国赛。赛场教会了我们沉稳,无论是比赛时的瞬息万变,还是比赛后的输赢、欢愁,都是机器人活动带给我们的磨炼。在国赛赛场上,我们更是认识了五湖四海的机器人爱好者——拿到一等奖非常高兴,而跟我们的联队一同面对挑战,给我留下了更加深刻的印象。

合肥一中机器人队蔡思捷与汤磊老师合影

领取中国青少年机器人竞赛金牌

大家的拼搏我是亲身经历过的,而与此同时我还能体会到老师和学校的努力。刚入队时我就要面临编程这个重头戏,当时学长临时有事,老师便亲自操刀上阵给我们讲解代码,和我们一起研究程序;在我高二渐渐把重心从机器人上拿走后,还是会抽时间去参与招新,带带新人;高三学习遇到开心与烦恼之余,也偶会去机器人室,看看"新人"们的训练,和老师聊聊天,从中我似乎找到了到了我们机器人队文化传承的纽带所在。学校更是以我们为荣、催我们奋进,不是狭隘的分数论者,而是资金、场地、各大赛事的平台提供者……还成立了科创中心为我们提供方便,希望我们的潜力能更好地发挥出来。

……

学生讨论方案

我的经历其实也是许多合肥一中机器人队友的经历,但是很遗憾我可能没法用文字告诉你我是有多怀念、多欣喜。虽然我不能看到你们入队的面孔了,但我仍然记得高二时迎接新人的那种激动,这就是我们合肥一中机器人队的"传承"。那位外地联队的队长曾经问我:"为什么合肥一中的机器人队经常取得那么好的成绩?"一番讨论之后,我看到他们是一队人马孤军奋战,而我们有学长老师一同助力。最后那位队长说:"还是你们的传承好啊。"

所以小朋友们完全不用担心,零基础也好,资深也罢,合肥一中都有最好的同学、老师和平台帮助你成长;大朋友们也不用担心,机器人队的学霸比例可是能比肩实验班的存在。既是兴趣所在,又能提升自我,何乐而不为呢?

我会永远怀念机器人所教给我的坚韧不拔与团队精神,所带给我的欢笑和失落的瞬间,我也希望读到这儿的你能找到机器人所打动你的东西。

是机器人更是青春

北京怀柔,阴晴不定。经过了近一周的奋战,我们赢得了金牌和荣誉,收获了不可缺少的回忆,学会了很多很多。

把玩着手里的防倒(顾名思义,机器人部件——防止翻倒),回忆着这场比赛、这段日子、这些人(当然,还有我们的机器人)。

领取中国青少年机器人竞赛金牌

感动

还记得一个个周三下午的校本课程,还记得每一次周五晚上的训练,秋冬春夏,淡黄的落叶、皎洁的明月、绵绵的春雨、隐隐的蝉鸣,总有一样伴随着我们——当然,还有那台机器、那些队友。

那台机器

就像看着一个生命的长大和成熟,我们安装它的铝板、拧紧螺丝、编写程序。看着齿轮转动咬合,我丝毫不会怀疑它(他?)有生命。不同于很多人所认识的那样——机器是冰冷的,有些还是危险的,于是便随意利用,不知休息和维护,出了问题还怪罪于它——事实上,它有它独特的生命形式,也需要关心、照料。似乎能感知周围似的,天气不好它也会罢工;我们的心情不好,它也会出些问题。从脚跛(马达自保)到晕机,从外科手术(换零件)到开颅(拆飞轮),带给我们的,是欢笑和感动。

那些队友——就是能够并肩作战、同舟共济、给你支持和鼓励的人。

赛场上,瞬息万变,场地抽签也总出乎预料,尽管我百般抵赖,但,如果没有你们的安慰和支持,我能不能坚持下去,还真是个问题。赛场下,谈笑风生,无论是训练、维修,还是刷梗、吹牛,都充满欢声笑语。即使是遇到难题、陷入困境,也能共勉:"没事,肯定能弄好。""说不定它(指机器)今天不开心呢,明天就好。"

青春,渐渐被机器人涂上了色彩。

中国青少机器人竞赛颁奖现场

勇气、直面困难

本来,我也是一个怕麻烦的人,初中的机器人生涯,迷惘而又敷衍,不仅仅是因为经验不足,更是因为缺少勇气,解决问题避重就轻。来到VEX以后(有趣的是,"vex"的意思是使烦恼、使苦恼、使生气),我明白了有些困难一定要敢于面对,敢于尝试——无论是日常检查,还是大修大拆,抑或是编写程序,根本容不得一知半解或是半点马虎(在球皮里面收拾零件也是一件十分锻炼耐心的活动)。

克服恐惧

到了决赛,对手是一个劲敌(简单描述一下——世界冠军,而且两次打败我们)。看到这个对阵表,我不禁捏了一把汗。可是我们的遥控手只是笑笑:"大不了不就打不赢吗。"虽然看不出这位老将的真实想法,但这份面对对手的豁达和勇气,却是永远值得我学习的。

当倒计时响起,比赛尘埃落定,取得胜利的那一刹那,一个声音在我心里响起:"没有战胜不了的对手,没有过不去的坎……"

团队

要说我还学会了什么,那无疑就是团结。想象一下,一台机器上面伸过去五六只手,乍一看十分杂乱,但大家都配合得很好,效率很高——换电池、紧螺丝、查链条……怎样配合,大家早已烂熟于心,有时候,不需要说话便心领神会。每当出现问题的时候,大家都会用实际行动告诉对方,你不是一个人,还有我们。这是一个团队,带来的就不仅仅是简单的加法效应。比赛之前,谁也没有料到的,机器出现了很大的结构故障,大家难免慌乱。但团队精神很快占了上风,拆拆修修、敲敲打打,再加上提前做好的应急方案,很快便解决了问题——这就是团队的力量。赛场下,与联队进行交流,大家想的都是如何能够配合对方、取得胜利,毫无保留地交流战术和经验。没有争吵,没有分歧,有的,只是信任。

坚守

很多人会问,高中了为什么还要"浪费时间"搞机器人?这是一句"兴趣所在"就能回答的问题吗?如果没有这块奖牌,我依然无愧、无悔,因为它带给了我太多太多……

然而,天下没有不散的筵席,总有说再见的时候。会很羡慕那些走过好几个赛季的队友,能够拥有比我多得多的回忆……如果不能坚守赛场,就坚守自己的机器人梦想!机器人室曾有我的身影。

VEX,不仅仅是机器人。

2. "藤校牛人"与机器人的"不了情缘"

——合肥市第一中学学生王一鸣

编者按：2019年合肥一中机器人队多名同学收到了来自国外多所顶尖高校的数十封录取通知书，王一鸣同学就是其中一位代表。王一鸣同学被"常春藤联盟"学校——美国康奈尔大学录取。在机器人队王同学收获了多项大奖，而与奖项相对应的是王同学对于机器人的热爱、刻苦钻研、严谨细致、善于团队合作、勇于创新的精神和强大的心理素质。训练和比赛的种种，还历历在目，如王同学在美国世锦赛期间凌晨三点被"假火警"吵醒，从六楼楼梯搬着很重的机器人箱子，顶着蓬乱的头发、睡眼朦胧地出现在熙攘的人群中，让很多老外不解。在批评他注意安全的同时内心中又感到无比欣慰，孩子们对于机器人有深深的热爱并为了比赛做的大量准备。

合肥一中机器人队王一鸣

这篇短文反反复复写了很久。一是因为自己文笔实在不佳，写来写去写不出我对机器人的一片痴情；二是觉得有些小细节非写不可，却一时半会儿记不清楚，只好反复思索才得以写出味道来。这番来回折腾，写出的文章也是十分散漫。与其说是回忆，不如说是把一些印象深刻的小故事总结到一起。虽然少了顺序，但读起来也是有趣。就像我对机器人的喜爱一样，虽然并非一板一眼，却在一点点时间的堆砌下显得真切而厚重。这种喜爱不必轰轰烈烈，但却绵延不绝，最终水滴石穿，烙印在了自己的骨子里。而下面提到的一个个片段，就像是一个个线索，每每想起，嘴角都忍不住扬起，又一次回忆起我在机器人室与队友、与老师一起度过的快乐日子。

世锦赛决赛赛场

常规训练显神通

前些日子回了一趟机器人室。刚一进门,熟悉的感觉便油然而生:杂乱堆放着零件的桌子,排列着历届奖杯的展柜,四方工整的模拟赛场,慵懒舒适的躺椅,空气中飘散开来淡淡的金属香味,无不触动着我每一根神经。一眨眼,似乎还能看见周三、周五机器人室里的热闹场面:看似杂乱无章的桌面,其实暗藏端倪,经验丰富的老队员能从中轻松淘到各式珍宝;模拟赛场上,机器人的争鸣之声似乎从未停止,而比这更激烈的是赛场两边队员之间的缜密配合和熟练操作;一直忙个不停的老师,只有在短暂的午间,才可以偷偷看到他在躺椅上小憩片刻;金属碰撞声,马达声,打铁声,欢呼声,笑声,不绝于耳。从组装到指挥再到操作,每一位队员都身怀绝技;百家争鸣,却又能在一次次合作中找到彼此心照不宣的默契,现在想来,实在是让人称奇。虽说最璀璨的时刻莫过于众人捧起奖杯的那一秒,但真正最让人体会到人情味儿,最能够体现出合一机器人队精气神的,一定要数这一次次忙碌而又充实的训练了。还记得一到周三、周五,饭都顾不得吃,草草解决后便和队友一路小跑冲进机器人室。要么是马不停蹄构架组装;要么是精心保养仔细呵护;要么就是甩开膀子上场切磋比试一番,不论哪种,都好不痛快!就连现在想起,还是忍不住手痒,估计只有亲手摸一摸5×35的铝合金框架,才能缓解一下我这心头的躁动吧。

世锦赛领取分区冠军奖杯和证书

美国深夜两三点抬机子爬六楼

这事儿说起来荒唐,听起来惹人发笑,但我总是悄悄地觉得这是挺让人自豪的一件事,所以即便丢脸,也要在这里提上一提。故事发生在美国,世界锦标赛前一天。我和我队友在床上睡得正酣,忽然警报大作,我俩从被窝里惊醒,看了看彼此,不知道出了啥事。依稀记得这是火警铃,按规定是要迅速下楼到酒店外面避难的。我俩就赶紧披了外套,迷迷糊糊正要出门,这时看到了安安静静躺在箱子里的机器人。不知道是不是真的睡迷糊了,当时就只觉得机器人的安危简直就和我自己一样重要,二话不说,两个人一前一后抬了箱子就往外跑。六层楼,几乎半个人高的金属箱子,再加上里面的机器人,少说也有三个课桌那么重,我俩硬是跌跌撞撞搬到了楼下停车场。大半夜的,整个酒店里的人都站在外面,就我们俩身边多了一个又大又沉的箱子。周围的人那个笑哇,大半夜风那个吹哇,我们是真尴尬。最后三点多酒店通知说是假警报,我们才乖乖把箱子运回了房间。这件事一直是我和队友之间的一桩笑谈。虽然听起来有些荒唐可笑,但足以看出我们对机器人的重视:有人说是"手足",有人说是"亲儿子",有人说是"女朋友",不管怎么说,都是我们生活中不可分割的一部分。直到现在,如果拜访机器人室,还能看到不少往届的机子——舍不得拆,真的舍不得。

世锦赛领取奖杯

此间情,道不尽说不完

不管写了多少,想要一时半会说尽我这几年在机器人这条路上体会到的点点滴滴,仅凭我的文笔实在是太难太难。想要感谢很多人。老师一直陪着我,在我是无知小"萌新"的时候,在我一次次打不好比赛想逃避的时候,在我道别机器人室不舍远行的时候……好队友一直陪着我,在我手足无措需要帮助的时候,在我挫败灰心悲伤落泪的时候,在我捧起奖杯喜极而泣的时候……机器人16666A一直陪着我,在我绞尽脑汁改装重组的时候,在我咬紧牙关放手一搏的时候,在我迷茫不知所措的时候……

与联队队友活动亚锦赛冠军

自己设计的队服和纪念徽章

就是因为有老师的热情招呼,有队友的打趣调侃,有16666A在角落安静地等待,每每回到机器人室,才能像回到家里一样,自在,亲切,能够在心里默默说一句"我回来了"。写到这里,就用一个心愿结尾吧:希望合一VEX机器人社永远欢声笑语不断,希望机器人室永远像家一样温暖。

3. 金牌之后

——合肥市第一中学学生沈瞳

这一次,合一机器人队再一次举起了全国冠军的奖杯。

然而,金牌的背后是惊心动魄,是感动涕零。2017,中山,我们,合一机器人队完成了"丑小鸭"到"天鹅"的转变。抽签,下下签,友队偏弱,对手又都很强。第一天小组赛,六场比赛虽然我们实力超群,可是无奈还是输了三场。只有16强才能进入复赛,我们面临着可能直接被淘汰的局面。裁判开始通报进入复赛队伍的名字。第十三名没有我们,第十四名没有我们,第十五名没有我们……不知我们是以如何强大的意志坚持听完的,也许是最后的一丝信念。近乎崩溃的紧张让我无法感受心跳的停滞。"第十六名,合肥一中"那边的声音响起,这是短暂的几秒,却仿佛是世纪之等待。眼前陷入无边的黑夜,耳畔是凝固的寂寥。这或许是绝望的人最后绝望的等待。但是,我们等到了最后的转机。

"VG15!"

这是合一队的号码。

我听见队友的呐喊。

我看见队友开怀大笑,笑出了晶莹的泪花。

幸福来得太突然。

三天后,合一机器人队再一次举起了全国冠军的奖杯。

然而,金牌是全体队员和教练的汗水镌成的。

搭建一台机器人,我们趴在地上,检查每一个马达;拧紧每一个螺丝;集成好每一个线路,陪伴我们的是腰酸背痛,是沾满双手和脸颊的铝屑,等待我们的却又是一个恼人的故障。

编一套程序,我们盯着屏幕上一行行的代码,双手在键盘上敲击。双眼或许红肿,嘴唇或许干涸,机器人却仍错误地执行着命令。太阳还在东方时,我们打开了电脑,当机器人第一次能令人满意地运行时,窗外已是万家灯火。

我们队的操控手,五年级开始练习遥控,曾经多少个日夜,他站在场地上,手指在遥控器上舞动。六年来,他与机器为友,机器与他为伴。小学他有机会参加了一次国赛,无缘复赛;初中他又有机会参加了一次国赛,冠军与他擦肩而过。这是六年漫长的等待,这是六年的潜心苦练,炉火纯青,只为这一次的华山论剑。天道酬勤,上天不会辜负有心人。进入复赛的那一刻,他发出胜利的吼声;决赛胜利的那一刻,他放下遥控器,在场上奔跑……没有人体会他那样的痛苦;没有人理解他那样的期待与紧张;更没有人感受他那样的幸福——一种至高无上的幸福。

我们亲爱的教练员们,鲁老师和汤老师,你们的心也随着我们波澜起伏。赛前,我们一起熬战到深夜,你们不顾劳累;我们焦虑时,你们给予最朴实的安慰和最诚挚的激励……合一机器人三年来的辉煌成就,离不开你们的不懈战斗。

感谢大合一,让我们与科技创新亲密地拥抱。我们举起合一海蓝色的校旗,让奖杯的金光洒在旗帜上;我们扬起青春自信的脸庞,前方尚有等待我们去征服的荣光,而一切一切的努力与付出只为那赫赫有声的十字校训:怀天下抱负,做未来主人。

4. 与机器人队结缘，是次美好的遇见

——合肥市第一中学学生王晓龙

五年机器人，五年VEX。我乐此不疲，认为一切热衷都是爱的消耗，一种甜美的消耗。

VEX机器人比赛是按照赛季的，一年一个赛季。所以赛季的开始，一定伴随着赛季的结束。

五年了，VEX伴我前行，它教会我很多。在各方面我都受益匪浅。

VEX全国冠军机器人

第一年，我争先恐后地报名参加机器人队，通过了选拔。当我看到一个个零件，就心花怒放，迫不及待要拿起遥控器。那时活力四射的我，比赛经验不足，在省赛中输掉了比赛，屈居亚军。对我来说，VEX的旗帜才缓缓升起，逐梦的少年刚刚起步。

第二年，有了比赛经验的我，开始对机器结构有了浓厚兴趣。在机器的各方面做了一些创新，开始有了对机器人独特的理解。从那年开始，我与机器人的感情越来越深，不可分离。第一次外出比赛，是亚洲区暨世界机器人锦标赛选拔赛，大概有几百支队伍，让我开了眼界，与一些强队学习了很多技术，并让我明白了比赛并非一定要赢，是对机器人的热爱才让我们各个参赛队才走到一起，我们应多一份友谊，少一份计较，所谓友谊比赛。华东赛，我们愈战愈勇，拿下一块金牌；并在省市赛横扫，均取得合肥市、安徽省一等奖、冠军。我们获得第13届中国青少年机器人竞赛参赛资格。国赛场上，3胜3负，因运气实在太差仅收获一枚铜牌。巨大的挫折感如潮水一般，抱怨没有用，我们只能擦干眼泪，继续前行。当时那个赛场上充

满活力、不服输的少年,在逐梦路上渐行渐远。

第三年,初一。小学时的队友也都上了初中,只是人越走越少。那一张张参赛合影中熟悉的面孔很多都不在了。一个星期最想上的就是社团课,脑子里想的都是机器的结构。亚洲区选拔赛我们获得一等奖,可谓一帆风顺。省赛,一个小小的失误使我们让出了冠军宝座,屈居亚军。无数个周末的加班加点,可能只有星辰知道我们的痛苦。巨大的付出落了空,是一种常人难以想象的痛苦。有人说了,你们天天晚上熬夜训练,又没结果。听了心里好难受,但就是因为热爱。

第四年,赛季一开始,就被赛季的任务难倒了。比人还高的机器结构,程序上的难点,重重困难。整整一个学期都在调机器人的自动程序,每天都在做改进,一旦改起来就不分昼夜。手上全是一个个血印子,吃过的泡面比山高。到后期,我们干脆就睡在机器人教室。经过无数个周末的训练,万事俱备,到了省赛。我们的劲敌在小组赛表现得很轻松,并没有畏惧今年的赛季难点。小组赛加淘汰赛并不是一帆风顺。咬咬牙就到了决赛;全场死气沉沉,巨大的压力使我们呼吸困难。一秒,两秒,三秒……时间一秒一秒地流逝,我顺利地完成一个又一个动作,哨声吹响,我们赢了。那种紧张的气氛让在场选手终身难忘,胜负就在一念间。裁判不禁评价,这真的是世界级水平的比赛。胜利实属不易! 这场胜利对我们来说就是最好的安慰。我们又一次去了国赛。

第二次去国赛,还是一样的队友。小组赛发挥稳定,最终与四川联队。8进4我们打下了全场最高分,7+8。半决赛我们的对手是四川石室中学,我们队友奇迹般地不动,一打二不可能取胜,比赛告负。

百感交集,有四年队友的分别之情;有对机器人的不舍之情;也有对比赛不服输的怒气。大沙漠里三个奔跑的少年分开了,但句号并未写上。追梦的少年依旧在奔跑,不知何时是个尽头。

第五年,来到了合肥一中,意味着我与机器人并未分开。北京世界机器人大会,获得冠军! 得到冠军异常欣喜,这只是赛季的开始。随后的华东区机器人竞赛,获得冠军! 这次比赛让我加深了对赛季的理解,对以后的比赛有很大帮助。亚洲机器人锦标赛(亚锦赛),过程曲曲折折,最终拿下冠军! 当时的我哭了。无数次课外活动和各种非高考科目的训练;各种同学和老师不理解的眼光,甚至是讽刺;种种包袱终于放下了。这种常人不理解的东西,有了结果。释怀的感觉终身难忘,这是一个五年的老兵多么渴望的一场胜利!

市赛取得冠军比较轻松。

对我来说最期望的比赛来了——世界机器人锦标赛! 期盼了五年,可以去了,对我来说是最大的收获。小组赛十战全胜,排名第一,好像一切都在往好的一面发展。到了决赛,意外发生了,队友机器人的故障和加拿大友人的翻车,宣告了世锦赛之旅结束,我们止步亚军。全场外国友人大喊:"世界冠军是你的,你才是最强的!"虽然公认我们最强,但结果不能改变。搬着机器走下场,脑子里一片空白,没想到就这样结束了。1825天的幻想,画上了一个并不完美的句号。炽热的心无疑被浇了一盆冰水,抱怨没有用。对我来说,只能在追梦的路上,砥砺前行。

第三次国赛,为了不留遗憾,我抓紧一切时间训练。那一段集训的时间我异常珍惜,过一天少一天,真的不想与机器人分别。机会来之不易,是整个大团体努力的结果,而作为这一优秀团体的一员,我能做的也只有不留遗憾,尽力而为。炎炎夏日我们一次次往返,早出晚归。一滴滴汗水不仅滴在地上,还滴在机器上;冰冷的机器仿佛也有了意识,等待着最终的绽放!

到达中山,暴雨倾盆,一切在雨中朦朦胧胧。经过几天的准备,来到赛场,一支支参赛队摩拳擦掌,都好似冠军般的傲气逼人。小组赛3胜3负,这次并没有如小学时悲剧重演,第16名惊险晋级。一声怒吼释放了几个月的压力。有惊无险地进入复赛,复赛也并没有一帆风顺。第一场八进四,我们轻松拿下第一局。搭档为了减小失误的可能性,他们更改了自动程序,正在输程序的时候被对手举报,友谊比赛化为泡影,因裁判对规则的不理解(我们的搭档这样做并没有犯规),裁判无情地拔掉了输程线。我们的联队没有了程序,意味着机器不能动。(我方联队)把电池狠狠一砸,我还没缓过神,裁判就要开始比赛。感觉时间静止了一般,死一般的寂静。一声哨响,机器开始轰鸣,整个世界只有马达声。我只好沉着完成每一个动作,抓住对面的失误,以一敌二是不可能的任务。"还有30秒!"我纵观全场,双方不相上下。加快节奏,拼一把!随着尖锐的哨声,比赛结束。放下遥控器,焦急地数着分数。我紧张地看着大屏幕,27:25!赢了,一打二赢了!没有什么可以形容当时的感觉,告诉所有参赛队,我们就是最强的。下午的半决赛和决赛赢得都很轻松。最后的哨响,我们赢了,我们是冠军。当我放下遥控器,一切都释然了。百感交集,这是五年的等待。那逐梦的少年终于放下了包袱,取得了胜利,但是他一定不会停滞,他还会在这崎岖不平的逐梦之路上继续奔跑。

第五年,是收获满满的一年;是绚丽多彩的一年;这一年让我收获的不只是成绩,更是心态,坦然接受一切挑战,要相信这一切都是时间所安排,只是机会未到罢了。

获奖奖杯

机器人需要像亲人一样对待！

搭建一台机器人时，我们趴在地上，检查每一个马达；拧紧每一个螺丝；集成好每一个线路，陪伴我们的是腰酸背痛，是沾满双手和脸颊的铝屑，等待我们的却又是一个恼人的故障。但就是这种感觉，让我又再一次投入编写一套程序，我们盯着屏幕上一行行的代码，双手在键盘上敲击。双眼或许红肿，嘴唇或许干涸，机器人却仍错误地执行着命令。太阳还在东方时，我们打开了电脑，当机器人第一次比较满意地运行时，窗外已是万家灯火。短短的语句永远道不完我与机器人的缘分，有太多的话想对它说。合肥—绵阳—深圳—吉林—苏州—鄂尔多斯—北京—昆山—广州—美国路易斯维尔—中山—合肥，机器人都陪我走过。

搭建机器人

你静静的坐在箱子里，我费劲儿地推着你走南闯北，多想就这么推着你一直走下去。五年，从五年级到高一。二十场比赛，十三次冠军，一定是我人生中最宝贵的一笔财富。从铜牌到银牌，再到金牌，是多么戏剧化的变化。有太多苦说不出，也有许多幸福荡漾在心头。如果再让我选择，我一定还会选择 VEX，并一直走下去！

感谢陈栋校长那个下午对我的勉励,他给我了满满的自信;方小培校长在课余时间与我的交流,教会了我合理分配时间;记得黄先银校长对我的关心;记得张红校长对我的严格要求;胡兴勇老师、王俊老师、汤磊老师、鲁先法老师,都是我无法忘怀的老师,没有他们的付出,就没有我们辉煌的战绩! 必须感谢合肥市第一中学,合肥市第四十六中学,合肥市师范附小及中国科协对我们青少年发展科技活动的大力支持。一路支持我的家人更辛苦,是你们给了我前进的动力!

一路走来,VEX伴我前行。不论未来如何,我与VEX不会分离。也许身披校旗,举起冠军杯的时候,是我最美好的回忆。

6. 追梦,一直在路上

——合肥市第一中学学生曹昱辰

安徽省合肥市第一中学(以下简称"合肥一中")学生曹昱辰特别喜欢衍纸艺术,用独特的方法把平面、单薄的纸变为具有奇妙立体感的艺术品,她觉得成就感满满。让人意想不到的是,她亦是一名机器人"痴迷者"。从小学至今,曹昱辰大部分的课外时间都在和机器人打交道,获得各类机器人大赛奖励近20项。

提起机器人时,曹昱辰眼神都透着自信与骄傲,仿佛说起的是自己知交多年的好友,又好像在讲述另外一个不断迭代的自己。

从乐高到VEX,每一次都是成长

无论是拿着大颗粒乐高拼插,还是利用机械件实现某个功能,曹昱辰都能在探索中感受乐高的神奇之处。小学二年级开启正式的学习机器人之旅后,她开始参加FLL机器人比赛。

对于曹昱辰来说,这是对脑力和动手能力的双重挑战:搭建具有一定功能的机器人需要寻找最合适的拼装材料,并将其巧妙地结合;既要考虑机器人结构的坚固性,又要让其具有较快的速度、足够的力量完成搬运货物等比赛任务……

在第十九届安徽省青少年机器人竞赛上,曹昱辰早早就完成既定的任务,但她想要冲刺更好的名次。然而尝试能够加分的额外任务时,她对其中的一个程序数据不太确定。调还是不调? 要怎么调? 曹昱辰和队友稍作思考,决定冒险一试。好在调整后的参数让任务顺利进行下去,最终获得小学组一等奖。

上了初中,曹昱辰参加的是综合技能机器人竞赛——这就意味着要现场搭建机器人,并在给定的时间内进行调试、编程。"一个任务常常要跑成百上千遍。"曹昱辰告诉记者,为了保证在赛场上能有效应对突发状况,主要负责编程的她也会参与日常训练中的搭建,与队友一起练手速,预判现场可能出现的状况,并进行演练。从刚开始不断重做机器人的抓狂、愤怒,到之后的忍耐、坚持,再到后来的淡定、不断修炼,她的抗挫能力在不断地增强。

曹昱辰对合肥一中机器人队早就心生向往:"每次在全国初赛审查时,我都能见到很多合肥一中代表队的成员;每次查询比赛成绩,高中组获奖名单中总有一长串合肥一中代表队成员的名字。"上高中后也如愿以偿,成为其中的一员。

合肥一中机器人队倡导小组合作、进行深层次学习,成员每周至少上两次课,这让曹昱辰的科学素养和工程思维得到了很好的锻炼。她还在这里初次接触到VEX。与FLL不同的是,VEX采取积分赛制,更注重对抗,而且每一次对抗的规则都不一样。曹昱辰在团队中主要负责的是编程与填装,每一次训练,她都积极参与,跟十几个小伙伴一起见证机器人从无到有,从静到动,被赋予生命和功能。

从懵懂到沉稳,每一步都更扎实

"接触机器人比赛后,曹昱辰学会了与人相处。"在妈妈眼中,比起获得的成绩,女儿的这个改变更让她欣喜。

上五年级时,曹昱辰第一次组队,尽管团队包括她在内只有两名队员,但谁也不服气谁,一训练就吵,吵了就哭,再抹干眼泪训练,这样的磨合持续了一年多,最终,他们的合作越来越顺畅,越来越有默契。从初中到高中,尽管队友一直在变,曹昱辰也能很快就与队友打成一片,共同成长。

"对交代的事情能扎实地完成,是机器人训练与比赛中很重要的品质。"在合肥一中科创实验中心主任、科技辅导老师汤磊眼中,曹昱辰沉稳,爱钻研,善于学习,还有较强的心理素质:在比赛时遇到突发状况,能迅速分析原因,冷静思考对策;与陌生队伍交流战术时,能主动沟通;对待比赛成绩,有稳定的情绪。

参加2023—2024全国VEX机器人精英赛VEX VRC挑战赛高中组时,曹昱辰作为主力程序员,被抽中完成现场给定的任务。然而,现场的测试题出来后,汤老师心里咯噔一下,十分担心,不仅因为这是曹昱辰第一次参加这种大型比赛,而且是她之前没有深入学习的类型。比赛的过程颇有波折,但曹昱辰临危不乱的表现让汤老师刮目相看,也助力所在战队斩获高中组一等奖。

在赛场上,曹昱辰与联队一同面对挑战,收获了荣誉,结交了志同道合的朋友,更见证了热爱的力量。"有个操作手挂着拐连续几天都在参赛,有的团队制作了吉祥物、易拉宝等,"回忆起参赛的画面,她颇有感慨,"那是热爱与团队凝聚力的体现。"

从喜欢到深爱,每一种可能都精彩

高中的学业是繁忙的,但阻挡不了她去机器人训练教室的脚步。曹昱辰的妈妈并不担心她的学业:"从小到大,她习惯在上课时间将知识消化掉,作业也能高效完成。这样她就能有更多的时间去做自己想做的事情。"

做公益和做手工,就是曹昱辰在其他时间做得最多的两件事。曹昱辰的舅舅资助了一所小学,从两三岁开始,除了疫情期间,她每年都会跟着舅舅到这所小学送温暖。曹昱辰目前是合肥一中青年志愿者协会副会长,除了参加学校、社区组织的公益活动,她总会自发地参与志愿服务,志愿服务时长已有一百五十多个小时。"帮助他人时,我也很快乐。"曹昱辰心中的这份责任感让人动容。

得益于长期对机器人的钻研,曹昱辰的动手能力不错,她也将这项能力应用在了做衍纸、陶泥、黏土以及剪纸上。多肉植物、古风建筑等,都能在她的手下变得栩栩如生。2023年年底,她还组织策划了一场衍纸作品展,吸引了众多同学加入这项有趣的活动。

曹昱辰做的陶泥多肉植物和剪纸作品

"我很喜欢物理,机械工程又与物理、机器人息息相关,所以我想朝着这个方向努力。"还在上初中时,曹昱辰就锚定了心中的目标。尽管家里人觉得这个职业方向会有些辛苦,但仍然支持了她的决定。

彩　　图

（a）普通齿轮套装

（b）加强齿轮套装

（c）加强链轮套装

图 1.7　齿轮和链轮套装

图 1.9　V5 电子设备

低速齿轮箱
齿轮比 36:1

高速齿轮箱
齿轮比 18:1

超高速齿轮箱
齿轮比 6:1

图 1.22　齿轮箱

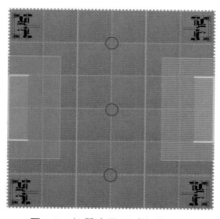
图 3.3　机器人及足球初始位置

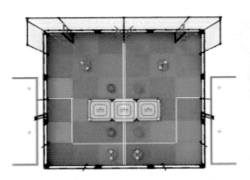

图 4.3　移动结构

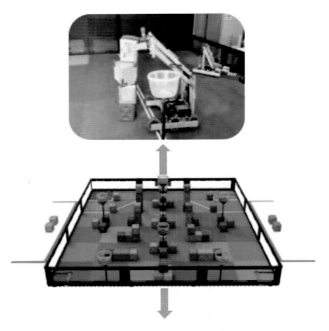

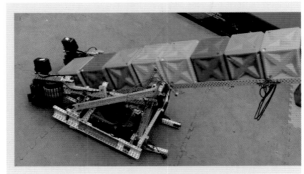

图 4.4　获取结构

橡胶轮

万向轮

麦克纳姆轮

图 5.2　常见的轮胎类型

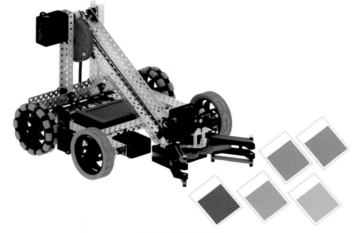

图 8.9　示意图

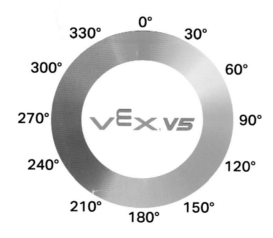

图 8.10　色调值

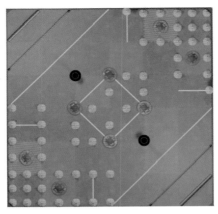

图 10.9 场地图示

图 11.5 十六强淘汰赛对阵表

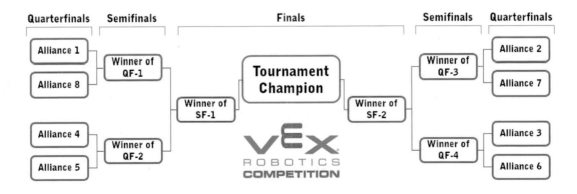

图 11.6 八强淘汰赛对阵表